建设工程施工安全管控丛书

工业工程施工安全
管控指南

物流领域工程篇

尹欣 / 主编
李欣　石军胜　杨帆　侯宪伟　桂怀亮 / 副主编

中国矿业大学出版社
· 徐州 ·

物流领域工程篇

主要起草人:杨军伟、刘新国、庄鹏翔、阳志宇、周玉寒、唐韦韦、杨波、田慧、石洋磊

主要审核人:殷永艺、王伟、马如建、张新华、宋文智、包佳、李勇、龚欣然、顾科路、刘洪龙、梁阔、赵崑鹏、张青

目　录

物流领域工程篇

随着经济的快速发展和人民生活水平的提高，物流行业的货物流通量也在与日俱增，国内目前的现代化物流仓库数量远远无法满足当前物流需求，尤其是像京东、顺丰、丰树、传化、宝湾等国内外物流龙头企业，其业务在全国区域遍地开花，物流领域建设项目在近几年成了建筑市场深受青睐的拓展方向。因此，为了进一步指导现场作业，提升作业效率，确保项目的安全可控，降低综合成本，特结合相关物流工程实例编制本篇内容。

一、物流领域工程概况

（一）结构类型

目前，物流领域建设结构设计和施工方法越来越成熟，为了达到节约建造成本、加快投产运行的目的，结构类型逐渐多样化，主要的结构类型有主体混凝土现浇式结构、装配式结构和新型甲壳框架结构 3 种。

（1）主体混凝土现浇式结构

目前物流领域建筑最常见的结构形式仍以混凝土框架结构为主，而其中仓库多数为双层或三层框架结构，这类仓库一般设计为混凝土结构加顶层钢结构的形式。此类仓库主体结构和运输通道平台施工大多涉及高大模板支撑系统（多数采用盘扣式脚手架支撑体系）以及楼面板上钢结构吊装。图 1-1 为主体混凝土现浇式物流仓库施工流程示意图。

（2）装配式结构

由于现浇混凝土结构的施工工艺必然要用到大面积的高大模板支撑系统，存在很大的安全隐患，故越来越多的建设单位和施工单位更倾向于采用装配式结构，其主要结构形式为柱采用带柱帽的大钢模现浇柱、梁采用先张法预应力梁、板采用钢承板组合楼板。图 1-2 和图 1-3 分别为装配式物流仓库施工流程示意图和结构体系。

（3）新型甲壳框架结构

甲壳框架结构是近几年国内先进企业研发的针对多层框架建筑的全新建造模式，采用工厂预制钢结构、现场浇筑混凝土的方式，构件形式新颖，节点安装便捷，施工过程免模板、免支撑，是一种新型的装配式框架结构。该种结构形式与前面两种结构形式不同的是整体框架结构采用预制钢构件结合现场混凝土浇筑代替上述两种类型的混凝土柱、梁。通过示范项目的实践应用，该种结构形式表现出了良好的安全性、适用性、经济性及施工便捷性，可广泛应用于工业及民用建筑，尤其适合大跨、重载的仓储建筑。图 1-4 和图 1-5 分别为甲壳框架物流仓库施工流程示意图和结构体系。

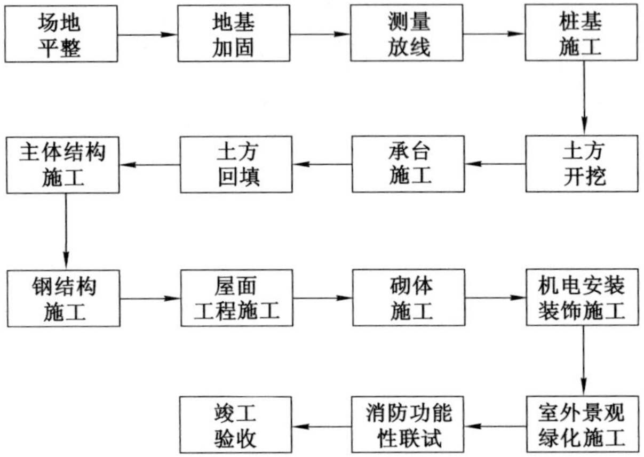

图 1-1　主体混凝土现浇式物流仓库施工流程示意图

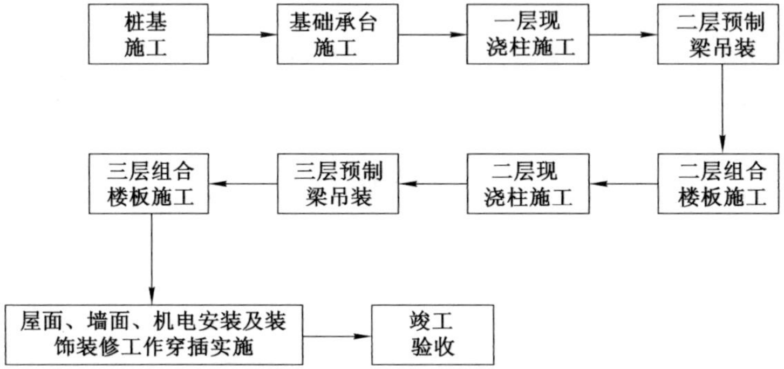

图 1-2　装配式物流仓库施工流程示意图

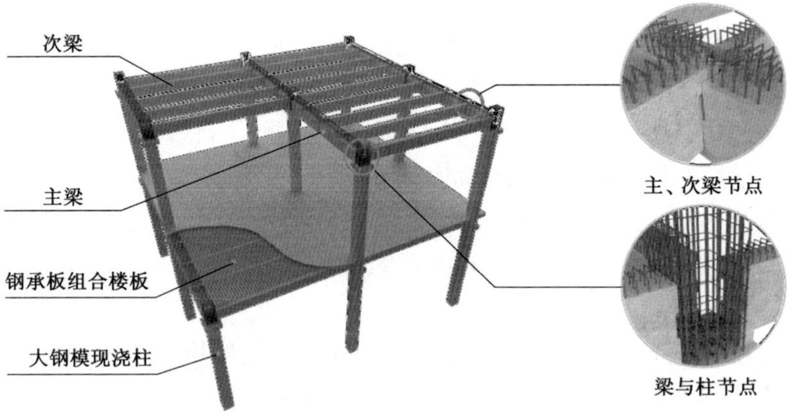

图 1-3　装配式物流仓库结构体系

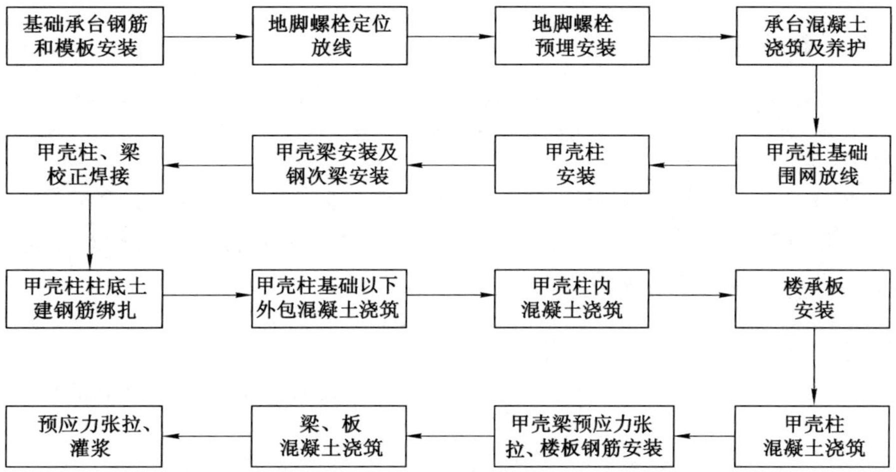

图 1-4　甲壳框架物流仓库施工流程示意图

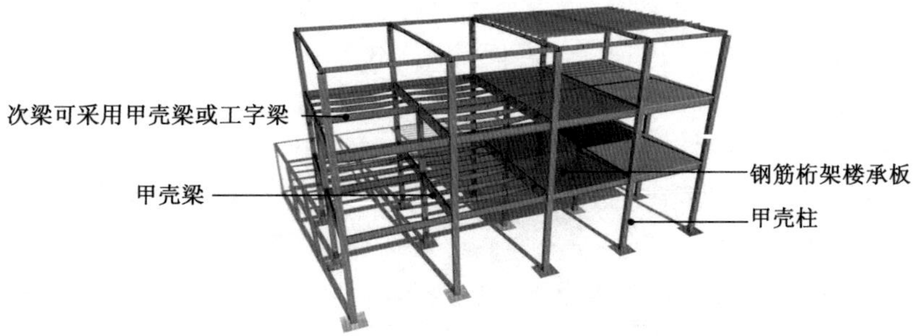

图 1-5　甲壳框架物流仓库结构体系

（二）主要施工工序施工难点分析及解决措施

主要施工工序施工难点分析及解决措施见下表。

施工工序	仓库首层、坡道及平台高支模施工
施工难点	仓库主体结构、运输平台及部分坡道顶板高度均超过 8 m，且大部分框架梁都属于大截面梁，集中线荷载超过 20 kN/m，属于“超过一定规模的危险性较大的分部分项工程”（以下简称超危工程）范围，高大模板支撑系统施工是此类工程的最普遍的特点之一，也是物流领域工程施工的重难点之一
解决措施	（1）选用技术成熟、安全质量意识高的施工队伍。 （2）用于支撑系统的盘扣材料严格按规范及方案要求履行材料进场验收流程，杜绝不合格材料进场，确保所有材料质量优良。 （3）严格按照《危险性较大的分部分项工程安全管理规定》要求编制专项施工方案，并经当地安监部门及专家论证通过后组织安全技术交底，严格按规范及方案要求组织施工与验收。 （4）高大模板支撑系统施工时，在支撑立杆搭设前进行测量弹线，保证支撑立杆的纵横向间距满足方案要求。 （5）高大模板支撑系统施工时，执行“第一步架体”验收制度，即搭设完第一步支撑架须验收合格后方可继续往上搭设。重点对架体的立杆底部、底座、扫地杆、剪刀撑、顶层横杆、顶托等关键部位的构件和搭设质量进行检查。 （6）运用高大模板支撑系统预警监测技术，做好施工过程监测工作，并制定专项应急预案。 （7）仓库首层、坡道及平台先施工框架柱，高大模板支撑系统搭设过程中，与框架柱采取“抱柱”措施，即支撑系统与已浇筑混凝土框架柱通过“抱柱”形式形成整体，同时剪刀撑与斜撑同步支撑，以保证架体的稳定性。 （8）高大模板支撑系统搭设完成后，钢筋施工前，对支撑系统进行预压检测。 （9）严格执行拆模审批手续，未达到设计拆模强度之前，禁止拆模

施工工序	钢结构吊装施工
施工难点	受现场条件制约，仓库二层钢结构难以全部采用常规地面吊装方法，钢结构吊装难度较大；梁柱定位精度要求高，预埋螺栓较多，预埋定位控制是一大重点，同时高强螺栓连接节点质量要求高；钢结构施工与围护结构施工存在穿插作业

续表

施工工序	钢结构吊装施工
解决措施	(1) 选派专人驻厂监督制作，严把制作关。对钢柱和梁的几何尺寸、平整度、柱底垂直度等关键参数进行复核把关，并进行预拼装，确保构件精度满足要求。 (2) 严格把控高强螺栓摩擦面的除锈等级，对高强螺栓栓孔加工精度、摩擦面涂装时的污染控制等关键工序进行重点监控。 (3) 提前规划运输线路及平面布置，钢构件进场后直接卸放至仓库二层楼面，将汽车式起重机吊运至二层楼面进行安装。安装前，对汽车式起重机站位预先规划，并根据需要对楼面进行加固，确保安装过程安全可控。 (4) 根据现场场地实际情况，最大限度在楼面、地面完成扩大拼装工作，以形成尽可能大的构件进行吊装。 (5) 吊装前，对钢丝绳、吊钩、吊耳、吊车支腿等进行检查，对构件吊装工况进行验算，并采取必要的加固措施，防止构件扭曲变形或者损坏，确保吊装安全。 (6) 保证二层混凝土短柱上预埋螺栓的定位精度，控制钢柱间距和垂直度，以保证钢梁和支撑的顺利安装。 (7) 柱、梁安装后，及时安装支撑，并增设缆风绳进行充分固定，确保钢结构形成稳固的结构体系。整个体系安装后，及时对支撑进行张紧。 (8) 先从靠近山墙有柱间支撑的两榀刚架开始安装，刚架安装完毕后将其间的檩条、支撑等全部装好，检查合格后，以这两榀刚架为起点，向另一端推进安装。 (9) 在安装过程中，及时调整消除累计偏差，使总安装偏差最小。 (10) 严格控制焊接的材料及焊接环境，并及时进行焊缝检查，对不合格焊缝及时进行返工返修。 (11) 合理调配人员、设备及材料，钢结构主体与围护结构在施工过程中紧密配合，动态调配现场工作面，确保各仓库内部各专业形成流水施工

施工工序	预制构件装配式施工
施工难点	框架梁整体长度较长，从制作场地到吊装点的运输是施工过程中必须考虑的重点；安装过程中要确保预制梁的安装精度和稳定性

续表

施工工序	预制构件装配式施工
解决措施	(1) 梁运输前,复核预制梁尺寸,主要按设计要求对预制梁的长度及高度、次梁搁置缺口位置及高度进行复核。复核时,预制梁两端搁置长度均需不小于 150 mm,并进行画线,画线时使两端搁置长度均匀。当预制梁搁置长度不满足要求时,严禁使用。 (2) 复核柱帽及梁垫标高,并在柱帽上对预制梁的定位线进行放线。当柱帽及梁垫标高不满足要求时,采用局部凿除或坐浆法进行调整,保证预制梁搁置标高满足设计要求。 (3) 预制梁堆放在场地上时应用枕木垫起,且枕木垫起位置宜在梁端 1 m 左右。对于采用跨内吊的仓库,预制梁可自由堆放,堆放区域无须再进行处理,甚至梁可以直接从短驳车起吊就位。对于采用隔跨吊装(同一位置吊三跨)的仓库,预制梁堆放采用集中叠放的堆放方式。对于土质较差的区域,预制梁堆场区域还应铺设木板,淤泥质土区域需铺大枕木或其他垫块。梁堆放时最多不超过 2 层,需堆放整齐。 (4) 二层矩形梁进行跨内吊时,采用 50 t 履带式起重机吊装;用 90 t 以上履带式起重机进行倒 T 梁吊装。吊装时,先安装主梁,再安装次梁,保证梁搁置长度不小于 150 mm

施工工序	预应力张拉
施工难点	预应力分项工程是整个结构工程施工中的重要分项,也是结构工程施工中的重点及难点之一。大部分预应力梁布置为曲线预应力筋,整个预应力筋的张拉工程量较大,预应力施工质量好坏将直接影响整个工程的施工质量及进度。因此,如何既保证预应力施工质量,又不影响相关工序的施工以及整个工程施工的工期成为关键
解决措施	(1) 预应力梁的支架应能承受施工过程中可能出现的最大荷载,并应有足够的刚度和稳定性。对梁张拉端预留洞口处封模时,封堵既要严密又要牢固,防止漏浆或造成喇叭管后的混凝土不密实,给张拉留下隐患。 (2) 很多张拉端都有次梁主筋的锚固弯头,绑扎次梁时一定要尽可能使弯头伸至主梁外侧主筋处,以保证喇叭管的正确安装。

续表

施工工序	预应力张拉
解决措施	(3) 混凝土应振捣密实。尤其在梁的张拉端部,因为有主、次梁主筋、柱主筋及梁预应力筋,钢筋密集,混凝土浇筑难度很大,施工时更应加倍注意。必要时可适当减小混凝土石子粒径或采取其他合理的措施解决。混凝土振捣器绝对不能直接振击波纹管,以防损伤波纹管引起漏浆,影响张拉和孔道灌浆。 (4) 必须采取有效的封裹措施,切实保证锚垫板处不漏浆。预应力梁端部锚垫板应安放平整、牢固,其预埋锚垫板孔的中心应与孔道中心线同心,端面与孔道中心线垂直。张拉端的锚垫板可视具体情况做凹入或凸出处理。 (5) 悬挑预应力梁混凝土强度应达设计强度的100%后方可进行张拉,其余预应力梁混凝土强度应大于或等于设计强度的80%后方可进行张拉,正式张拉前应有同条件养护试块的试压报告

(三)需编制的专项施工方案清单

需编制的专项施工方案清单见下表。

序号	方案名称	方案类别
1	临时用电专项施工方案(施工组织设计)	专项施工方案
2	消防水池土方开挖、基坑支护及降、排水施工方案	超危工程专项施工方案
3	地基处理专项施工方案	专项施工方案
4	塔式起重机安装、拆除专项施工方案	危大工程专项施工方案
5	群塔作业防碰撞施工方案	专项施工方案

续表

序号	方案名称	方案类别
6	混凝土模板支撑专项施工方案	超危工程专项施工方案
7	脚手架专项施工方案	专项施工方案
8	ALC(蒸压轻质混凝土)墙板安装专项施工方案	专项施工方案
9	仓库墙面及屋面围护专项施工方案	专项施工方案
10	钢结构安装安全专项施工方案	专项施工方案
11	独立柱施工安全专项施工方案	专项施工方案
12	预制梁张拉台座施工专项施工方案	专项施工方案
13	混凝土梁预制和吊装专项施工方案	专项施工方案
14	仓库内楼地面耐磨地坪专项施工方案	专项施工方案
15	防火涂料施工专项施工方案	专项施工方案
16	机电管线及设备安装专项施工方案	专项施工方案
17	机电系统调试专项施工方案	专项施工方案
18	主体混凝土现浇式结构专项施工方案	专项施工方案
19	混凝土预制梁先张法专项施工方案	专项施工方案
20	新型甲壳框架结构后张法专项施工方案	专项施工方案

二、常见风险及管控措施

（一）地基和基础工程施工

1. 预制桩施工

序号	风险点	风险分析	管控措施	相关图例
1	预制桩吊装	（1）预制桩较长，吊装吊点未能正确选择。 （2）预制桩重量未计算，未根据预制桩重量选择吊具及起重机械。 （3）吊带夹角过大或过小。 （4）吊车站位不对，出现拖吊	（1）编制预制桩吊装专项施工方案，并进行审批及交底。 （2）吊装前对吊具进行专项检查，确保吊具的正确使用。 （3）起重机械严格按照方案进行选择，特别是性能、型号。 （4）现场起吊配备专职指挥员，并经过培训，严禁违章吊装	 预制桩吊装
2	预制桩锤击送桩	（1）预制桩垂直度未调整，预制桩为倾斜状态。 （2）锤击桩机的维护和保养未及时进行，机械年久失修	（1）大型机械进场严格落实验收制度，确保进场机械正确及正常使用。 （2）送桩前，需对桩机进行验收，包括其桩位及垂直度，确保垂直送桩。 （3）桩机操作人员需持证上岗，严禁随意操作	 预制桩锤击送桩

2. 钻孔灌注桩

序号	风险点	风险分析	管控措施	相关图例
1	钢筋笼吊装	(1) 钢筋笼较长，吊具吊点选择不当。 (2) 钢筋笼重量未计算，未根据预制桩重量选择吊具及起重机械。 (3) 吊车站位不对，出现拖吊	(1) 编制专项钢筋笼制作及吊装方案，并进行审批及交底。 (2) 吊装前对吊具进行专项检查，确保吊具的正确使用。 (3) 起重机械严格按照方案进行选择，特别是性能、型号。 (4) 现场起吊配备专职指挥员，并经过培训，严禁违章吊装	 钢筋笼吊装
2	钻进成孔	(1) 钻进成孔后，未及时对桩孔进行围护。 (2) 围栏未按规定设置，围栏维护不到位	(1) 制定桩孔专项围护措施，并进行交底。 (2) 按要求进行桩孔围护。 (3) 定期进行围栏维护，确保围栏的正确使用	 桩孔围护

3. 地基强夯

序号	风险点	风险分析	管控措施	相关图例
1	地基强夯	(1) 强夯区域未进行围护,其他人员随意进出强夯区域。 (2) 强夯机械未正确操作,重锤未停稳便落锤。 (3) 强夯机的维护和保养不及时,带病作业	(1) 编制专项强夯作业围护方案,并进行交底。 (2) 强夯作业区域进行临时围护,并在进出口悬挂警示牌。 (3) 画出强夯作业范围线以及强夯机走位线,严格按照线路行走。 (4) 重锤升起需平稳,严禁出现大幅度的摆锤。 (5) 每天作业前对强夯机进行检查、维护和保养,异常的零部件及时维修或更换	 地基强夯

4. 土方开挖

序号	风险点	风险分析	管控措施	相关图例
1	仓库及平台独立承台土方开挖	(1) 独立承台开挖深度较大,开挖未进行放坡或采取其他边坡围护措施。 (2) 开挖周边未做好排水措施,导致坑边塌方。 (3) 基坑围护不到位,出现损坏等。 (4) 基坑未设置专门上下通道	(1) 编制基础专项施工方案,审批并进行交底。 (2) 通过计算边坡稳定性,确定边坡的围护措施,并严格按方案执行。 (3) 按方案落实排水措施,并定期维护。 (4) 基坑周边采用栏杆或定型化围栏,并按规定进行固定。 (5) 设置专门的上下爬梯	 承台土方开挖

续表

序号	风险点	风险分析	管控措施	相关图例
2	消防水池土方开挖	(1) 消防水池土方开挖属于深基坑开挖，现场未按方案进行施工。 (2) 基坑围栏未按规定设置或未进行维护。 (3) 降、排水措施未按规定设置或未定期检查。 (4) 基坑开挖边坡或支护措施未按要求实施。 (5) 未按规定设置专门上下通道	(1) 编制专项施工方案，并组织专家论证，同时对现场施工人员进行方案交底及安全技术交底，严格按方案执行。 (2) 基坑四周设置硬防护，采用栏杆或定型化围栏进行围护，并采取打入土体或混凝土等措施固定。 (3) 基坑四周设置排水沟及集水井，保证排水顺畅，同时，坑内设置集水井并进行抽排水，确保基坑底水位及积水的清除。 (4) 采取放坡开挖或者支护桩等支护形式，并通过边坡稳定性计算，确保边坡的安全。 (5) 设置专门人员通道，确保人员上下安全	 临边防护、排水措施

5. 挡土墙

序号	风险点	风险分析	管控措施	相关图例
1	仓库四周挡土墙施工	(1) 挡土墙较高且纵向较长，施工未设置专门操作架或操作架未按规定设置。 (2) 模板侧向支撑不足，模板倾覆	(1) 编制挡土墙专项施工方案，审批并进行交底。 (2) 按规定设置专门的操作架，确保作业人员作业安全。 (3) 通过计算确定模板侧向压力，并采用相应的侧向支撑，如钢管、型钢等。 (4) 挡土墙施工前，对挡土墙周边进行平整、夯实，确保操作架等基础坚实	 挡土墙侧向支撑

6．锚座施工

序号	风险点	风险分析	管控措施	相关图例
1	锚柱安装	(1) 吊点设置不合理，起吊时锚柱不顺直。 (2) 锚柱与底梁未焊接牢固便脱钩。 (3) 脱钩人员沿锚柱上下	(1) 在锚柱两侧对称设置吊耳，起吊时采用吊环起吊。 (2) 安排专人指挥，起吊司机听从指挥操作起重机。 (3) 点焊锚柱时，沿底梁均匀对称点焊临时加固，严禁单点或单侧点焊。 (4) 设置移动操作架作为工人脱钩操作平台，上下时需系挂安全带	 锚柱安装加固

（二）主体结构工程施工

1．独立超高框架柱

序号	风险点	风险分析	管控措施	相关图例
1	独立柱灯笼架搭设	(1) 灯笼架搭设未编制专项施工方案。 (2) 未按规定设置脚手架脚踏网或脚踏网未按规定固定。 (3) 未设置防护绿网。 (4) 灯笼架未设置缆风绳，或缆风绳出现断股等。 (5) 灯笼架立杆底部未设置垫块，出现悬空。 (6) 边柱灯笼架挡土墙外侧部分立杆接长方式不规范	(1) 编制灯笼架专项施工方案，审批并进行交底。 (2) 方案中通过计算确定缆风绳大小及张拉角度，并确定脚踏网设置，现场严格按照方案执行并验收。 (3) 灯笼架四周设置安全绿网，按规定进行固定并及时维护。 (4) 灯笼架立杆底部采用混凝土垫块或者设置立杆底托，确保立杆着地牢固。 (5) 边柱灯笼架立杆接长采用对接接头进行连接，严禁采用搭接的方式。 (6) 灯笼架使用前，需经过验收，并悬挂验收牌。 (7) 灯笼架采用钢管设置专门的上下通道	 独立柱灯笼架

续表

序号	风险点	风险分析	管控措施	相关图例
2	灯笼架吊装挪位	(1) 灯笼架吊点设置不规范。 (2) 吊装前,缆风绳等固定措施未解除。 (3) 灯笼架吊装范围未拉警戒线。 (4) 起重机械未按照灯笼架质量选取。 (5) 灯笼架起吊未正确牵引	(1) 通过计算设置灯笼架吊点。 (2) 起吊前,检查灯笼架与地面连接状态,是否有未解除的连接等情况。 (3) 灯笼架吊装范围内,张拉警戒线,并悬挂警示牌。 (4) 起重机械严格按照方案进行选择。 (5) 采用缆风绳绑着灯笼架下端主节点,起吊时进行牵引	 灯笼架吊装挪位
3	独立柱钢模安装	(1) 吊装时无专人指挥,钢模与灯笼架碰撞,导致侧翻。 (2) 工人安全意识薄弱,伸手扶钢模侧边。 (3) 作业人员不细心,钢模未完全紧固	(1) 吊装时应有专人指挥。 (2) 作业前对所有作业人员进行针对性交底。 (3) 混凝土浇筑前进行钢模验收,确保钢模紧固装置到位	 独立柱钢模安装

2. 高大梁板

序号	风险点	风险分析	管控措施	相关图例
1	仓库、平台高大模板支撑架搭设	(1) 架体材料进场未验收。 (2) 架体未按方案搭设。 (3) 架体底托、顶托过长。 (4) 未按规定设置水平剪刀撑。 (5) 未按规定设置抱柱结构。 (6) 架体搭设人员未佩戴安全带	(1) 架体材料进场前须进行验收,经验收合格后方能进场。 (2) 编制高大模板支撑架专项施工方案,审批并经专家论证后,进行交底。 (3) 加强现场管控,严格按方案实施。 (4) 搭设过程中定期对架体进行检查并验收,特别是上下水平剪刀撑、抱柱、底托、顶托、上部主次龙骨等部位。 (5) 加强作业人员安全技术交底,作业人员必须佩戴双钩安全带。 (6) 搭设区域张拉警戒绳,并悬挂警示牌	 高大模板支撑架
2	仓库、平台梁板模板安装	(1) 架体下部未设置安全平网。 (2) 作业人员未正确佩戴安全带。 (3) 作业人员在安装施工区域下方随意行走。 (4) 大梁侧模安装时未搭设操作平台。 (5) 未搭设专门的上下通道。 (6) 临边未设置围栏	(1) 在架体主龙骨下侧通体悬挂安全平网,并确定安全平网张拉牢固,同时对安全平网做防坠试验。 (2) 高处作业人员须佩戴安全带作业,同时,在比楼板面高 1 m 位置张拉安全绳,确保安全带能正确生根。 (3) 人员不得在安装施工区域下方随意行走。 (4) 大梁侧模安装时,沿侧模通长设置操作平台,用于作业人员行走及作业站位。 (5) 在仓库侧面搭设专门的上下通道,上下通道需与现有结构采用钢管进行连接,同时采用缆风绳将两侧张拉牢固。 (6) 在仓库、平台临边设置定型化或栏杆围栏,并采用铁丝或卡扣进行有效固定	 模板架体防护措施

3. 消防水池

序号	风险点	风险分析	管控措施	相关图例
1	消防水池内部施工	消防水池结构施工完成后，形成密闭空间，内部施工作业通风差、无照明且湿度大	(1) 消防水池内部作业时，在观察口设置通风机，使消防水池内部空气流通。 (2) 作业时安排专人监看，作业一定时间后，作业人员停止作业，走出消防水池休息，避免长时间作业导致中毒等情况。 (3) 配备充足照明，确保内部作业人员视线良好	 消防水池内部施工
2	消防水池侧墙施工	(1) 消防水池作业空间小，作业人员密集，操作空间小。 (2) 多专业交叉作业，风险大。 (3) 消防水池深度大，钢筋、模板施工未设置操作平台。 (4) 消防水池外墙侧向支撑未按规定设置	(1) 实行轮班制施工，缩短单班作业时间，减少人员集中施工，同时加强夜间照明。 (2) 加强作业人员安全意识，加强班前教育等工作。 (3) 合理安排各专业作业时间，减少不必要的交叉作业。 (4) 钢筋及模板安装需搭设独立的操作平台，操作平台需用钢管等支撑确保侧向稳固。 (5) 外墙模板需采用钢管作为侧向支撑，间距严格按照方案设置，确保模板侧向稳固	 消防水池施工

4. 预制构件制作、安装

序号	风险点	风险分析	管控措施	相关图例
1	预制构件制作	(1) 张拉台座掀起导致千斤顶不垂直而顶飞。 (2) 锚具夹片原因或伸入深度不够导致钢绞线脱锚或断裂。 (3) 千斤顶超行程作业导致爆缸。 (4) 卷扬机操作不当导致人员受伤。 (5) 钢绞线长度不一致或固定端长度不一致。 (6) 张拉端与固定端钢绞线固定顺序不一致。 (7) 锚具夹片内杂物未清理干净。 (8) 夹片磨损严重,未及时更换。 (9) 锚具旋入精钢丝扣不足。 (10) 未进行预拉,直接进行张拉应力张拉	(1) 提前监测台座有无掀起情况,及时将缝隙进行灌浆。 (2) 固定锚板端千斤顶设置薄钢板。 (3) 及时更换夹片,规范操作,保证锚入连接器的深度。 (4) 千斤顶禁止超行程作业。 (5) 做好交底,规范操作,卷扬机做好防护。 (6) 钢绞线进场时,对长度及股数等进行验收,固定钢绞线时,确保钢绞线插入固定端锚具长度一致。 (7) 钢绞线张拉端固定前,需从固定端每根顺到张拉端再进行固定。 (8) 锚具夹片在夹入钢绞线前检查夹片情况,并采用毛刷轻刷干净。 (9) 每次使用张拉设备前需检查各设备状态,磨损严重或损坏的应及时更换。 (10) 锚具旋入精钢丝扣不得少于 4 扣。 (11) 采用穿心千斤顶进行预拉,拉力值控制在同一数值,保证外露部分长度一致,并固定精钢上螺帽,最后采用台座式千斤顶进行群拉	 预制梁底模  台座张拉端

续表

序号	风险点	风险分析	管控措施	相关图例
2	预制构件吊装	(1) 梁端搁置长度不够或柱帽保护层、钢筋等原因造成梁坠落。 (2) 起重机械起重能力不足导致倾覆。 (3) 吊索、吊具计算不足或损坏导致梁高空坠落。 (4) 预制梁吊点预留位置有问题。 (5) 双机抬吊时，两机操作不同步。 (6) 预制梁搁置点平整度不足，未提前处理	(1) 复核预制梁安装尺寸，主要包括梁端搁置长度、垂直度及梁间距。 (2) 次梁间距不标准会导致钢承板需要切割或者搁置尺寸过小，浪费人力或者存在安全隐患，可运用激光测距仪复核梁间距，误差为±5 mm。 (3) 复核梁端搁置长度，确保不小于 150 mm。 (4) 边框梁安装完成后，稳定性差，需要做临时加固措施，防止大风吹落造成事故。 (5) 通过计算、放样确定起重机械的吊装性能，确保起重能力和距离能满足现场要求。 (6) 调整预制梁两端缆风绳角度，缆风绳与水平夹角应保持 60°以上。 (7) 安装时采用 4 个吊点起吊，采用滑轮组平衡整体吊装体系。 (8) 起吊前对吊具做详细检查，不符合要求的及时更换。 (9) 在制作预制梁前，通过计算或者设计确定吊点位置，并在预制时严格检查吊点预留位置。 (10) 现场起吊安排专人指挥。 (11) 预制梁起吊前，在搁置点进行坐浆，确保搁置点的平整度，保证预制梁的平衡	 预制构件吊装  预制梁吊装

续表

序号	风险点	风险分析	管控措施	相关图例
3	桁架楼承板施工	(1) 搁置长度不够或支撑钢筋原因导致塌陷。 (2) 桁架楼承板与预制梁搭接长度不足或不均衡。 (3) 桁架楼承板与预制梁未及时固定。 (4) 钢筋堆载过分集中。 (5) 有高差降板位置的角钢支撑固定措施不足。 (6) 桁架楼承板堆放过高	(1) 提前进行排板，与厂家确定好尺寸，并做好序号标记。 (2) 安装前复核板尺寸，确保安装位置匹配。 (3) 加强支撑钢筋的焊接质量监管。 (4) 桁架楼承板制作前，应在现场量取各板间距，以确保长度。 (5) 桁架楼承板安装时，确保钢筋支座落在预制梁上，且伸入梁边缘的宽度不得小于 30 mm。 (6) 桁架楼承板安装完成后，可采用自攻钉加强桁架楼承板与预制梁之间的连接。 (7) 钢筋绑扎时，钢筋严禁集中堆放，应均匀分铺至各个板面。 (8) 有高差降板的地方，可在预制梁制作时预埋角钢作为桁架楼承板支座；后植化学锚栓或膨胀螺栓时，应进行拉拔试验检测，确保受力满足要求。 (9) 桁架楼承板采用型钢定制的堆放架堆放，可有效防止桁架楼承板侧向滑落，严禁两个及以上堆放架叠放	 桁架楼承板施工

续表

序号	风险点	风险分析	管控措施	相关图例
4	预制梁运输	(1) 未设置固定措施导致梁掉落。 (2) 超长梁转运时司机视野受限,盲目操作。 (3) 路线上障碍物未清除。 (4) 路段交通未封禁,行人随意走动	(1) 合理设置运输路线,提前考虑车的转向角度。 (2) 预制构件装车后采用挡板、绳索等方式进行固定,防止构件滑落。 (3) 预制梁可采用定制的安放架固定,确保预制梁在运输过程中不会倾倒。 (4) 安排专人指挥司机行驶,并注意观察四周情况,确保安全后,方可行进。 (5) 提前规划预制梁运输路线,并清除运输路线上障碍物。 (6) 安排专人负责道路清理,确保运输车四周无行人或车辆通过	 预制梁运输
5	预制梁堆放	(1) 地面不平导致预制梁倾覆。 (2) 预制梁堆放混乱	(1) 预制梁堆放在场地上时应用枕木垫起,且枕木垫起位置不宜太靠近梁中,以梁端最为适宜。 (2) 堆放时梁与梁之间应该用方木隔开,为起吊预留空间。 (3) 堆放时应遵循同等规格的梁堆放在一起的原则,方便寻找。 (4) 做好交底,规范操作,人员行走应避开堆放场地	 预制梁堆放

5. 甲壳柱

序号	风险点	风险分析	管控措施	相关图例
1	甲壳柱安装	(1) 起重机械吊装性能不满足要求。 (2) 甲壳柱吊点未按要求设置。 (3) 甲壳柱临时加固未满足要求便脱钩。 (4) 工人上下脱钩未设置专门上下通道。 (5) 未成单元框架时,未设置缆风绳加固	(1) 通过计算及放样确定所需起重机械性能,并根据性能选择起重机械型号。 (2) 通过计算在甲壳柱顶部设置双吊耳,并在吊装前检查吊耳是否按照要求设置,包括焊缝、吊耳孔边距等。 (3) 甲壳柱临时固定时,确保四面螺栓紧固后,再进行脱钩。 (4) 甲壳柱起吊前挂上专门的上下爬梯,甲壳柱临时固定完成后,通过爬梯脱钩,并通过起重机械将爬梯取下。 (5) 甲壳柱起吊前,在四边顶部绑好缆风绳,按要求张拉缆风绳后固定	 甲壳柱安装
2	甲壳柱内混凝土浇筑	(1) 缆风绳存在松动现象。 (2) 升降作业平台上下时,与缆风绳发生碰撞。 (3) 起升状态下,操作升降作业平台调整位置。 (4) 浇筑混凝土过程中,过分用力拉扯浇筑管。 (5) 升降作业平台过载,且堆载过于集中一侧	(1) 浇筑混凝土前,进行专项检查,检查缆风绳松紧情况,确保缆风绳处于拉紧状态。 (2) 升起升降作业平台前,先初步确定上空是否存在障碍物,同时升起过程中要缓慢,并查看与周边障碍物关系,确保无碰撞时再进行升起,严禁升起过程中搬动障碍物。 (3) 起升状态下,严禁移动升降作业平台。 (4) 浇筑时浇筑管摆动,严禁在升降作业平台上用力去阻止,应指挥浇筑操作员进行调整。 (5) 升降作业平台严格按照限载牌上的限载重量进行装载,严禁超载	 升降作业平台

6. 甲壳梁

序号	风险点	风险分析	管控措施	相关图例
1	甲壳梁安装	(1) 起重机械吊装性能不满足要求。 (2) 甲壳梁采用钢丝绳起吊。 (3) 甲壳梁临时加固未满足要求便脱钩。 (4) 工人上下脱钩沿甲壳柱上下攀爬。 (5) 甲壳梁焊接未设置操作平台。 (6) 甲壳梁上未设置安全绳,焊接人员未正确佩戴安全带	(1) 通过计算及放样确定所需起重机械性能,并根据性能选择起重机械型号。 (2) 甲壳梁吊装应设置吊耳或者采用摩擦力较大的吊带进行起吊。 (3) 甲壳梁设置临时连接板,与甲壳柱有效连接固定后,再进行脱钩。 (4) 可利用升降作业平台辅助工人进行甲壳梁脱钩,保证工人上下安全。 (5) 甲壳梁焊接时,设置专用吊篮或者移动式操作平台,确保甲壳梁下翼缘焊接时焊接工人的安全。 (6) 每根甲壳梁上必须设置安全绳,焊接作业人员必须佩戴安全带,且将安全带悬挂在安全绳上	 甲壳梁安装

7. 钢结构安装

序号	风险点	风险分析	管控措施	相关图例
1	起重机械进场	起重机械性能不佳	(1) 进场时提交出厂合格证明、安全检验合格证、使用登记证、租赁起重机械的合同或协议、特种设备操作人员上岗证书，并填写机械设备验收单，经验收合格确认并将相关资料报监理（业主）审批后，粘贴验收标识，方可进场使用。 (2) 临时机械进场应提前进行报备，进场确认应由项目经理部工程管理部门负责，并填写临时机械进场确认书。 (3) 做好一机一册工作，并及时在工程管控平台录入	 起重机械进场验收
2	构件卸车	(1) 卸车顺序不合理造成构件倾倒。 (2) 夜间卸车视线不良	(1) 卸车人员应配备专职并且有经验的信号工 2 名，全权指挥，同时配备专职司索工至少 4 名。指挥人员应位于能清晰看到起吊构件和起吊过程的地点。 (2) 卸车顺序由上至下，由外侧到中心。 (3) 遵守“十不吊”规定。 (4) 夜间卸车应配备充足的照明灯具，确保视线清楚	 构件卸车
3	构件堆放	构件堆放地面不平整、构件堆放层数过高	(1) 堆放场地应提前硬化。 (2) 构件不宜直接堆放在地面，应采用枕木垫高 200 mm 以上。 (3) 堆放层数不超过 2 层，防止构件倾倒。 (4) 次梁使用打包架稳定支撑，堆放层数可适当增加	 构件堆放

续表

序号	风险点	风险分析	管控措施	相关图例
4	二层钢构件吊装机械	(1) 起重机械自重过大。 (2) 二层现浇板面承载力不足、吊装过程中机械站位不正确	(1) 结合设计文件中楼面承载力确定可用起重机械型号。 (2) 根据钢构件尺寸、重量,结合起重机械起重性能、水平距离、安装高度选用自重最小的起重机械。 (3) 根据起重机械吊装最大单重钢构件,计算其最不利工况下 4 个支腿的承载力。 (4) 对比楼面设计荷载与最不利工况承载力确定吊装时起重机械的支腿位置。 (5) 施工前对施工环境进行验收,对起重机械司机、信号指挥、作业人员进行施工前交底,施工过程旁站监督	 钢结构吊装
5	钢柱吊装	(1) 钢柱安装时发生倾倒。 (2) 未设置爬梯或爬梯未设置防坠器	(1) 构件吊离地面 200～300 mm 后停止起吊,检查起重机的稳定性、制动装置的可靠性、构件的平衡性和绑扎的牢固性等,待确认无误后,方可继续起吊,已吊起的构件不得长时间停滞在空中。 (2) 爬梯要与钢柱固定牢靠,并设置防坠器,防止摘钩人员发生坠落。 (3) 钢柱就位后要使用揽风绳进行固定,并及时对垂直度进行校正	 钢柱吊装

续表

序号	风险点	风险分析	管控措施	相关图例
6	屋面梁吊装	(1) 大跨度屋面梁地面拼装后吊装的吊点选择不合理。 (2) 钢梁高空发生碰撞。 (3) 吊装钢丝绳被钢梁棱角处割断。 (4) 屋面行走发生高处坠落	(1) 经过计算确定吊点位置，确保吊装时构件保持水平。 (2) 钢梁两侧设置溜绳，防止构件发生碰撞。 (3) 钢梁棱角处要设置胶皮，防止割断吊装钢丝绳，或使用吊带进行吊装。 (4) 屋面梁安装之后，及时张拉安全绳	 屋面梁吊装
7	防腐涂装	(1) 人员节点补漆时，未使用安全带及吊筐。 (2) 升降作业平台机械伤害	(1) 高处作业佩戴安全带，节点补漆工作至少 2 人，严禁 1 人独自工作。 (2) 使用升降作业平台进行施工，人员要佩戴好安全带，升降作业平台至少由 1 名操作手在地面进行操作和监视。 (3) 升降作业平台有人时，严禁水平移动	 防腐涂装作业

（三）建筑装饰装修工程施工

序号	风险点	风险分析	管控措施	相关图例
1	ALC 墙体安装	(1) ALC 墙体叉车转运过程中，堆载过高。 (2) 吊装吊点选取不当。 (3) 升降作业平台升降未安排专人看护。 (4) 作业人员私自修改升降作业平台限定装置。 (5) 升起状态下移动升降作业平台	(1) ALC 墙体叉车转运时严禁超过两摞。 (2) 采用吊带起吊，吊点选在距端头 1/3 处横向中部以下位置。 (3) 升降作业平台操作时安排专人看护，严禁不规范升起。 (4) 升降作业平台每日维护，对各限定装置进行检查。 (5) 升降作业平台升起状态严禁移动	 ALC 墙体安装
2	轻钢龙骨隔墙施工	(1) 升降作业平台升降未安排专人看护。 (2) 作业人员私自修改升降作业平台限定装置，升起状态下移动升降作业平台。 (3) 升降作业平台堆放材料超重。 (4) 材料集中堆放，并且堆放在延伸部位	(1) 升降作业平台操作时安排专人看护，严禁不规范升起。 (2) 升降作业平台每日维护，对各限定装置进行检查。 (3) 升降作业平台升起状态严禁移动。 (4) 严格按照限载说明进行材料堆载。 (5) 尽量不使用延伸部位，严禁在升降作业平台延伸部位堆载	 轻钢龙骨隔墙施工
3	防火带施工	(1) 升降作业平台上下未安排专人看护。 (2) 作业人员私自修改升降作业平台限定装置。 (3) 升起状态下移动升降作业平台。 (4) 升降作业平台堆放材料超重。 (5) 材料集中堆放，并且堆放在延伸部位。 (6) 升降作业平台站位不合理，升起时与上部结构碰撞	(1) 升降作业平台操作时安排专人看护，严禁不规范升起。 (2) 升降作业平台每日维护，对各限定装置进行检查。 (3) 升降作业平台升起状态严禁移动。 (4) 严格按照限载说明进行材料堆载。 (5) 尽量不使用延伸部位，严禁在升降作业平台延伸部位堆载。 (6) 升降作业平台升起过程中要缓慢，要时刻观察与周边的关系，有碰撞时，应下降后调整位置再升起	 防火带施工

（四）围护结构工程施工

序号	风险点	风险分析	管控措施	相关图例
1	屋面板吊装	（1）吊装过程与吊车大臂、主体结构碰撞倾覆。 （2）屋面板推行过程中小车、人员、板材坠落	（1）计算吊装工具、规定数量板材的重量，根据板材长度、旋转半径、起重高度、吊车起重性能确定吊车型号。 （2）屋面沿小车及人员行进方向根据小车数量通长设置安全绳，屋面钢梁跨间挂设安全兜网并做防坠落试验。 （3）吊装时板材两侧设缆风绳并缓慢起钩，离地 200 mm 后停钩稳定，若板材方向需调整应在方向调整完毕后再起钩，吊装过程安排专人操作缆风绳保持板材方向稳定。 （4）板材落钩至小车时，小车沿坡度方向成直线，检查小车限位是否卡在檩条边缘。 （5）推行小车前将板材与小车捆绑牢固，推行过程中作业人员的安全带保持挂在安全绳上，小车行进应听从口令保持步调一致。 （6）板材就位后，人员听从口令同时撬动小车，板材缓慢落至屋面檩条，板材与檩条不少于 3 处捆绑固定	 屋面板吊装
2	屋面板安装	人员、材料、工器具高处坠落	（1）沿屋脊、檐口方向通长设置安全绳，并在每跨钢梁处固定，沿坡度方向设置可滑动安全绳，施工时作业人员的安全带时刻挂在安全绳上。 （2）5 级及以上大风等恶劣天气停止施工。 （3）铺装板材时作业人员按口令作业，缓慢铺设就位。 （4）每个作业人员配备工具收纳包，确保无零星材料散落	 屋面板安装

续表

序号	风险点	风险分析	管控措施	相关图例
3	屋面檩条及支撑安装	(1) 串吊或成片吊装时，出现碰撞或构件掉落。 (2) 拉条等小构件堆放零散	(1) 串吊时严禁使用1个吊点，防止构件滑出。 (2) 每根钢梁使用1根钢丝绳，严禁1根钢丝绳串吊2根以上钢梁。 (3) 零散构件应集中堆放，并避免堆放过多，防止碰撞或集中荷载过大造成高空坠物。 (4) 钢梁有棱角处要设置胶皮，防止钢丝绳割断，或使用吊带进行吊装	 屋面檩条安装
4	墙面板安装	(1) 板材吊装过程与结构、井字梯碰撞。 (2) 人员、材料、工器具高处坠落	(1) 板材起吊前两端设缆风绳，吊装过程中有专人操作缆风绳，避免板材与结构、井字梯等碰撞。 (2) 沿墙面高度方向根据板宽两侧通长设井字梯，顶部固定在檐口结构上并设防坠器，底部同时设置固定点，防坠器固定点与梯子分离。 (3) 人员通过井字梯上下，安全带保持挂在防坠器上。 (4) 作业人员配备工具包，随用随取	 墙面板安装

（五）给排水和供暖工程施工

序号	风险点	风险分析	管控措施	相关图例
1	管道支架安装时使用手持式钻孔机械钻孔	(1) 钻孔机械的风险：钻孔机械选用不合格，功率选择过小，导致工具发热烧坏工具，有触电风险。 (2) 人的风险：未按要求佩戴劳动防护用品，易导致手、面部被碎屑打击；作业前未进行安全技术交底，作业人员违规作业；作业过程中踮脚作业，导致失稳。 (3) 钻孔位置风险：混凝土内钢筋密布，钻孔时钻头钻到钢筋，导致胳膊产生大扭矩力，拉伤甚至因失稳高处坠落	(1) 根据墙体、梁、板的强度以及钻孔孔径、深度参数选定设备。 (2) 作业时必须佩戴防护手套、护目镜、防尘口罩等劳动防护用品。 (3) 作业前进行安全技术交底、方案交底。 (4) 手持式钻孔机械作业时，严禁举手、踮脚作业，手持式钻孔机械在胸部水平位置施工。 (5) 钻孔遇到钢筋立即停止作业，更换钻孔位置，不可蛮干，违规作业	 手持钻孔机械作业
2	管道焊接、切割等动火作业	(1) 作业人员未正确穿戴防护用品，导致机械伤害。 (2) 现场布置混乱，圆柱形废料物乱丢，踩到易摔伤。 (3) 焊接、切割作业会产生大量的烟尘、火花，易引起火灾。 (4) 旋转机械对人体造成挤压、拉扯、缠绕、切削伤害。 (5) 旋转机械的飞溅物对人和周围设备的破坏，以及电焊动火作业引起的触电、火灾和弧光伤害	(1) 焊接、切割作业应佩戴防护手套、面罩、劳保鞋等劳动防护用品。 (2) 现场材料、废料分区布置，严禁乱丢乱放。 (3) 切割机械、电焊等动火作业必须提交申请，作业周围必须清理掉可燃物，并配备足够的灭火器材。 (4) 管道加工车间必须配备足够的照明设施。 (5) 做切割、攻丝作业时不可佩戴手套，女性必须将头发卷收入帽内，防止被卷入旋转的机器中	 管道切割加工作业

续表

序号	风险点	风险分析	管控措施	相关图例
3	管道安装所用的移动式脚手架	(1) 移动式脚手架搭设不符合规范要求，超过 2 层(含 2 层)未设置斜撑，有失稳风险。 (2) 超过 2 层(含 2 层)的脚手架未设置上下通道，上下时有跌落风险。 (3) 人员作业时未按要求佩戴安全防护用品，有高处坠落风险	(1) 脚手架超 2 层(含 2 层)应设置斜撑，移动时人员要离开脚手架，严禁有人员在脚手架上时移动脚手架。 (2) 超 2 层(含 2 层)的脚手架应搭设上下通道。 (3) 作业人员应佩戴安全帽和安全带再上平台作业	 移动式脚手架作业
4	管道安装作业	(1) 管道加工后的毛刺未消除，引起的扎伤、划伤。 (2) 管道高空提升时未固定发生坠落造成人员和设备伤害。 (3) 多机械提升长管道时，动作速度不一，造成设备倾覆和管道滑动。 (4) 压力试验中喷溅造成人员伤害、设备材料损失。 (5) 带压进行修补造成的压力泄放伤害	(1) 管道加工完成后，必须清除毛刺。 (2) 高空安装管道时，管道及附件必须固定，防止管道滑动，多机协助时由旁站人统一指挥。 (3) 作业面下设立围挡隔离作业区，禁止非作业人员进入。 (4) 非必要不得用气压代替水压试验。 (5) 管道水压试验全过程必须由专人监护，试压期间无关人员应当远离。 (6) 试压中禁止带压焊接、紧固和拆卸。 (7) 试验压力表必须装设 2 块，2 块压力表的距离在 2 m 内，并在打压机械出口处	 管道安装

续表

序号	风险点	风险分析	管控措施	相关图例
5	现场管道试压	(1) 管道升压过快，导致管道焊接区域、阀门区域炸裂，有伤人风险。 (2) 压力表损坏，导致试压压力不准，损坏管道，有伤人风险。 (3) 人员布置不足，现场出现异常时无应急措施，导致人员伤亡。 (4) 带压处理管道质量问题，有机械损伤风险	(1) 试压应缓慢增压，制定管道压力试验方案，明确升压速度、保压时间、巡查点等重要环节。 (2) 现场应配置至少 2 块压力表，试验时如有异常应立刻停止试压，待问题排除后再进行试压。 (3) 现场试压时应清场，所有人员离开试压区域，现场泵房、压力集中区域、末端应设专人看管，发现异常及时报告，异常处理完成前应停止试压。 (4) 试压时出现质量问题时应进行标记，泄压后方可处理，严禁带压处理质量问题	 管道试压

（六）通风与空调安装工程施工

序号	风险点	风险分析	管控措施	相关图例
1	管道安装升降作业平台操作违规	(1) 升降作业平台为三无产品，进场无手续，自身失稳、机械伤害风险高。 (2) 管道安装人员、升降作业平台操作人员为同一人，违规操作导致挤压、失稳。 (3) 超载作业，利用升降作业平台提升管道，易导致升降作业平台机械故障。 (4) 作业人员防护不到位，安全帽、安全带未配备	(1) 升降作业平台专项安全管理，进场提供产品合格证明及检验证明资料。 (2) 升降作业平台升降和移动作业由专人操作、控制，管道安装作业人员严禁自主控制。 (3) 升降作业平台应配置超载报警装置。 (4) 作业人员佩戴安全帽、安全带，安全带挂在安全绳或已成型的成品上	 升降作业平台进行管道安装

续表

序号	风险点	风险分析	管控措施	相关图例
2	设备安装就位使用汽车式起重机	(1) 现场指挥人员过多,导致吊车操作工接收到不同的指令,易发生碰撞、撞伤风险。 (2) 吊装绳、锁的位置放置错误,导致设备损坏和坠落伤人等风险。 (3) 地基承载力不满足汽车式起重机的需求,易发生汽车倾覆风险。 (4) 作业人员无上岗证,违规作业,导致违章作业事故	(1) 吊装作业应编制专项方案,分工明确。现场配备专人指挥吊装作业,指令来源唯一。 (2) 设备出厂应附设备吊装图,作业人员按图纸位置放置吊绳、吊索。无设备吊装图时,应由厂家专业技术人员现场指导吊装。 (3) 吊装前计算地基承载力,承载力不足应放置钢板、方木等增加承载力。 (4) 作业人员持证上岗,上岗前接受安全技术交底	 设备安装

(七) 建筑电气工程施工

序号	风险点	风险分析	管控措施	相关图例
1	施工临时用电电缆破损	(1) 电缆选型错误,选择不带铠的电缆进行直埋。 (2) 电缆弯曲半径过大,造成破损。 (3) 架空线路未使用绝缘子进行隔离保护。 (5) 电缆敷设路径未进行标识。 (6) 电缆过路处未加铁管保护管,导致碾压绝缘破损。 (7) 直埋电缆埋深度不够,机械碾压造成绝缘破损。 (8) 电缆应该架空的高度不足,被移动机械破坏	(1) 由专业电气人员对临时线路进行设计、施工和维护,电气施工初始阶段基本的投入必须保证,并考虑扩展和预留。 (2) 定期测量线路绝缘情况,安排专人每周进行专项检查。 (3) 电缆过路处加铁管保护管。 (4) 电缆线路及时做好深度和位置标识,必要时进行人工开挖。 (5) 电缆架空时应有足够高度	 临时电缆架空

续表

序号	风险点	风险分析	管控措施	相关图例
2	施工临时用电系统保护	(1) 保护系统选型不合适，元件和线路选型过大，出现整定值过大，引起的保护拒动。 (2) 配电设置投入不足导致超容量使用电气元件，回路安装容量不足引起接线混乱	(1) 临时用电方案必须由专业电气人员编制，对线路进行核验并提交计算书。 (2) 实际情况发生变化时，临时用电方案应实时调整。 (3) 临时用电设施和资源的投入必须保证，并保证有扩展空间。 (4) 临时用电的负荷侧采用 TN-S 接零保护系统，零线接入漏电保护装置，每条回路至少有两处重复接地点。对于使用 TT 系统（保护接地系统）的设备，地线与 TN-S 地线可靠连接，不可与零线连接	 电箱内部
3	施工临时用电非电工操作	(1) 物流园施工的专业较多，许多劳务分包队伍不配备专业电工。而现场的触电、过电压烧伤和设备烧毁，大多是无证电工操作不当导致的。 (2) 操作维修必须配置足够的防护和警示器材、人员，现场作业人员必须听从统一调遣	(1) 检查班组、分包队伍的电工配置情况，没有配置电工的，禁止进行接线和停送电、检修操作。 (2) 设备负荷侧必须配备停电开关，开关必须是断路器或者漏电保护器，不得是熔断器或隔离开关。 (3) 物流园施工人员流动大，所有进场人员必须进行基本的电气标识警示牌培训，听从现场电气维护人员的指挥	 专业电工操作

续表

序号	风险点	风险分析	管控措施	相关图例
4	雷电保护	(1) 物流园多为开阔场地，施工机械设备和钢结构比较容易引雷。 (2) 输电线路容易引雷，造成设备和人员伤害	(1) 位置较高的设备(塔机、桩基等)有单独的防雷接地网，不可与保护地网混用，接地电阻符合《施工现场临时用电安全技术规范》(JGJ 46—2005)中相关的规定。 (2) 雷暴天气，施工人员必须撤离。 (3) 钢结构梁柱固定后应立即与地网焊接。 (4) 高压架空线下，禁止打伞停留。 (5) 雷暴多发地区，需要另外架设金属接闪器，进线柜必须安装避雷器，并按照《雷电防护》(GB/T 21714—2015)规定执行相关风险评估和管控	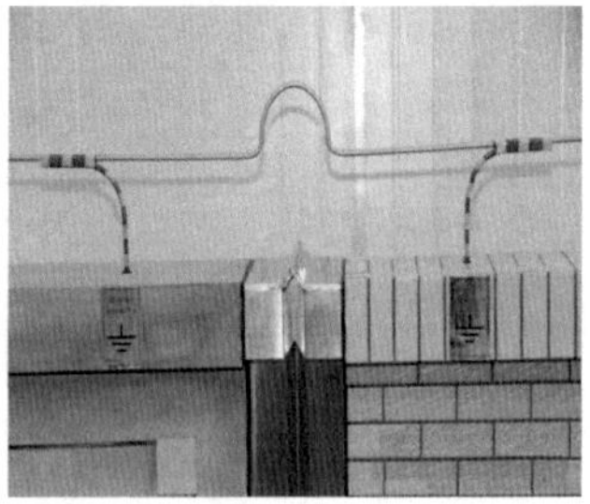 防雷接地
5	电缆盘装卸	(1) 电缆盘在卸车、转移和放置时，失稳造成滚动、碾压、挤压等伤害。 (2) 电缆敷设时辅助工具使用不当造成固定物体的垮塌和错位。	(1) 电缆盘卸车时禁止直接推下，电缆盘卸车后用木楔固定，防止外力造成滚动。 (2) 电缆敷设人员必须配备足够的个人防护用品，如防滑手套、安全帽、护目镜，穿着紧身长袖长裤，配备足够的通信设备并进行统一指挥。 (3) 电缆敷设的桥架下部没有无关人员、车辆和设备。电缆桥架内敷设时，应检查桥架的可靠性，如桥架的刚度、焊接强度、螺栓的紧固情况，之后再上人作业，桥架不可超重，出现松动、断裂时，人员必须马上撤离桥架。	 电缆卸车管理

续表

序号	风险点	风险分析	管控措施	相关图例
5	电缆盘装卸	(3) 电缆拖拽的固定器械使用不当造成电缆的永久伤害	(4) 使用卷扬机拖曳电缆时,卷扬固定点必须是完工的混凝土、钢结构柱,不得是砌体墙、砖墙结构。 (5) 电缆敷设时应使用放线盘,放线盘的支架必须稳定,两侧受力均匀,防止倾覆。 (6) 电缆在桥架敷设时使用滑轮,人员必须在电缆拐弯处的外侧,不得在电缆上攀爬。 (7) 引上和放下电缆时,要使用麻绳、吊带固定,不能使用钢丝绳	 电缆盘装卸
6	高空电缆敷设	(1) 物流园库内电缆大多高空敷设,操作人员需要利用多台登高作业设备在电缆桥架上作业,电缆敷设时受力不均导致设备倾覆,人员坠落。 (2) 电缆收紧时,转弯处的作业员容易被挤压	(1) 基本的安全措施必须齐备才能进入现场作业,如旁站、警示标识、作业人员必须系安全带和安全绳、场区戴安全帽等,与本作业无关人员不得进入作业区。 (2) 选用合格的移动登高设备;严禁超载,多设备协同作业时,不能超过额定荷载的 70%~80%;登高作业设备必须按规程操作,使用前向作业人员进行安全交底,并提示安全风险。 (3) 现场必须配备足够的通信设备,通过旗语、声讯信号统一指挥,能见度较差的雨雾天气禁止施工。 (4) 冰雪天气时,敷设路径上需要做防滑处理	 屋面电缆敷设

续表

序号	风险点	风险分析	管控措施	相关图例
7	盘柜作业	(1) 电缆热缩头加工中的高温喷枪引起火灾或烫伤。 (2) 未完成部分与已带电物体接触引起的触电伤害。 (3) 电缆绝缘燃烧后毒气引起的呼吸道伤害。 (4) 高温下在密闭空间中动火作业引起的缺氧、中暑和脱水	(1) 盘柜作业面必须配备足够的照明设施，尽可能使用Ⅲ类灯具。 (2) 作业面保证通风。 (3) 动火作业必须事先进行申请，有监护人旁站监督。 (4) 尽量配置足够的二氧化碳灭火器，没有条件时再配置干粉灭火器。 (5) 断开作业面电源后再进行作业，并在开关上挂上“禁止操作”的警示牌。 (6) 作业人员出现黑视、头晕、恶心、呕吐时必须停止作业，进行救治。 (7) 发生火灾时，出现刺鼻烟雾，未佩戴防护面具的人员必须立即撤离作业区，用湿布遮蔽口鼻，蹲下退出现场	 盘柜作业

续表

序号	风险点	风险分析	管控措施	相关图例
8	盘柜卸车、堆垛、转移	(1) 盘柜卸车时不按顺序卸车造成受力不平衡，引起设备倾覆。 (2) 超高堆垛，造成重心失稳引起倾覆。 (3) 堆放设备不预留通道，进出的装卸设备引起人员挤压伤害。 (4) 不考虑设备重心位置，进行转移引起设备的倾覆伤害。 (5) 使用滑轮滚装设备和翻越障碍物时固定不当造成的设备滑动引起的卡阻、碾压、碰撞事故	(1) 装箱时，要求厂商提供装箱包装图，审核是否标注出重心、堆垛数量、向上方向、挂钢丝绳部位和预留叉车插装空间。 (2) 到货时，按照厂家要求的顺序进行卸车，如没有具体要求，就按照由外向内的顺序卸车。 (3) 尽量不进行堆垛存放，如果场地不允许，也必须按照厂商提供的堆垛要求进行堆叠，做到上下错落堆放。 (4) 堆放时留下装卸通道，并进行箱柜明细的标识，便于日后快速查询。 (5) 根据装卸的重心进行转移，重心偏高时，必须进行固定或整体转移。 (6) 重物滚装转移时，滚轮必须有足够支撑，且不出现悬空，转向和上下坡时先用缆风绳固定，逐步转移，并预留人员进出空间	 盘柜卸车

（八）建筑智能化工程施工

序号	风险点	风险分析	管控措施	相关图例
1	智能化设备调试过程	(1) 智能化设备调试阶段往往是远程调试，对现场设备和人员情况不明确，容易产生错误的指令，造成人员受伤和设备损坏。 (2) 智能化设备调试阶段往往是调试和安装同时进行，控制线路容易接错，导致操作指令被错误执行	(1) 调试前编制调试大纲，拟定调试科目，其中包括对危险源进行评估和对现场及操作人员的安全防护设置进行检查，做好应急预案，远程调试还必须保证有线和无线通信畅通。 (2) 调试过程中的设备及配套管线周围的人员必须撤离到安全区域内，穿过其他未完工的工作面时，如果存在风险，必须停止施工，如管道打压、高压设备试验、电缆送电、旋转电机测试时，周边的其他人员必须暂停施工，撤离到安全区。 (3) 试验完毕后短期内不投入使用的，检查是否有杂物遗漏在设备内，短接线是否拆除，零线、地线是否都可靠连接，同时进行停电、泄压操作。投入使用的设备，必须挂牌标识，并做好操作记录。 (4) 水系统试验完毕后其管路的泄压阀应关闭，压力传感器必须接入控制回路，与水泵连接的阀门也应及时关闭。 (5) 暂时不投入使用的设备，其二次回路中的“自动/手动”选择开关打到“手动”，“远程/现地”开关打到“现地”，以防误动作	 智能化设备调试

三、事故案例分析

（一）坍塌事故

1. 事故简介

2017 年 12 月 24 日 9 时 40 分，某综合保税区公共保税物流仓储项目一期工程（1 号仓库）钢结构工程发生一起坍塌事故，造成 1 人死亡，5 人受伤，直接经济损失约 191 万元。

2. 事故原因分析

（1）直接原因

工程所在地位置空旷，被吊钢架遭遇到特定方向的强对流天气突袭。在风载荷的作用下，造成第三结构分区的第一榀刚架侧倾，拖拉尚未脱钩的汽车式起重机侧翻，在钢梁的侧倾撞击力和汽车式起重机侧翻后吊臂的推压作用下，造成已完成的 21～16 轴、16～11 轴结构分区失稳连续倒塌，是导致本起事故的主要原因。

（2）间接原因

① 项目分包单位：安全生产责任制落实不到位，安全生产规章制度落实不到位，对作业人员进行安全生产教育培训不到位，施工现场安全防护设施不符合有关安全生产法律、法规、标准和规程的要求，对生产安全事故隐患排查治理不力，未有效督促、检查工程项目部的安全生产工作，未能及时消除生产安全事故隐患、防止事故发生。

② 项目总承包单位（项目管理单位）：对项目分包单位安全生产工作统一协调、管理不到位，对生产安全事故隐患排查治理不力，未有效督促、检查工程项目部的安全生产工作，对灾害性天气防范工作认识不足，对突发异常天气缺乏有效的预测判断能力，在突发异常天气来临时缺乏应急应变能力，未及时采取措施消除隐患、防止事故发生。

3. 事故责任认定

（1）谢某藕，项目分包单位钢结构安装指挥，安全意识不强，未能及时到岗到位，对事故发生负有责任。

（2）黑某阳，项目分包单位项目部专职安全员，安全生产管理工作不到位，对施工人员进场前的三级安全教育培训把关不严，对施工现场的安全检查不到位，未及时发现并消除存在的生产安全事故隐患，对事故的发生负有责任。

（3）宋某文，项目分包单位项目部安全机构负责人，未认真履行安全管理职责，组织日常安全教育培训不到位，组织日常安全检查不力，未能及时发现并消除存在的生产安全事故隐患，对事故发生负有责任。

(4) 解某斌，总承包单位项目部现场副经理，未认真履行项目负责人安全职责，对该工程安全生产管理工作不到位，组织日常安全教育培训不到位，组织参与施工现场安全检查缺失，对事故发生负有责任。

(5) 单某波，总承包单位项目部现场经理，对项目分包单位安全生产工作统一协调、管理不到位；未认真履行安全生产管理职责，组织日常安全教育培训不到位，组织日常安全检查不力，未能及时发现并消除存在的生产安全事故隐患，对事故发生负有责任。

(6) 项目分包单位，安全生产责任制和安全生产规章制度落实不到位，对作业人员进行安全生产教育培训不到位，施工现场安全防护设施不符合有关要求，对生产安全事故隐患排查治理不力，未及时消除生产安全事故隐患，对事故的发生负有责任。

(7) 项目总承包单位(项目管理单位)，对项目分包单位安全生产工作统一协调、管理不到位，对生产安全事故隐患排查治理不力，未及时消除生产安全事故隐患，对事故的发生负有责任。

(二) 起重伤害事故

1. 事故简介

2018 年 7 月 5 日，某物流公司新建库房钢结构吊装过程中，发生起重伤害事故，造成 1 人死亡。

2. 事故原因分析

(1) 直接原因

① 张某和(死者)，忽视安全、冒险作业，司索作业时翻转钳与起吊物挂卡不牢，挂完翻转钳后没有退到安全位置就发出起吊信号，是此起事故发生的直接原因。

② 吕某军，不遵守汽车式起重机安全操作规程，违反起重作业“十不吊”规定，在吊臂覆盖范围内站人的情况下，未拒绝指挥人员的起吊指令，操作吊车吊运工件，是导致事故发生的另一直接原因。

(2) 间接原因

物流公司对安全生产工作不重视，没有认真落实企业安全生产主体责任；未安排专门人员对吊装作业现场进行安全管理；作业人员未经安全培训教育合格就上岗作业，是事故发生的间接原因。

3. 事故责任认定

经调查认定，该起物体打击事故是一起生产安全责任事故。根据《中华人民共和国安全生产法》的相关规定，对负有主要责任的物流公司及事故相关责任人做出处罚。

（三）高处坠落事故

1. 事故简介

2017 年 5 月 19 日，某物流公司料仓安装施工过程中，发生一起高处坠落事故，造成 1 人死亡，直接经济损失 95.16 万元。

2. 事故原因分析

（1）直接原因

陈某国在高处作业时仅以 1 根安全带悬挂承重，气割 C 型钢的火花溅到其使用的安全带，造成安全带被部分灼裂，无法承受其体重，导致陈某国直接坠落到地面。

（2）间接原因

① 施工单位，同意社会自然人借用其公司资质承揽工程并收取管理费，未安排人员进行现场管理，未组织施工现场隐患排查。

② 薛某军，借用施工单位资质承揽工程，未对现场特种作业人员持证上岗情况进行检查，未对高处作业人员进行安全教育及交底，未能发现并纠正施工中现场未设置牢固的立足点的违章行为。

3. 事故责任认定

（1）陈某国，违章作业，未持有焊接与热切割作业和高处作业特种作业人员操作证便从事切割及高处作业，在仅有 1 根安全带承重的情况下冒险作业，作业时未发现气割火花易对安全带造成灼裂的安全隐患，对此次事故的发生负有责任，鉴于其已死亡，建议不予追究责任。

（2）薛某军，借用施工单位资质承揽工程，未对现场特种作业人员持证上岗情况进行检查，未对高处作业人员进行安全教育及交底，未按照《建筑施工高处作业安全技术规范》(JCJ 80—2016)第 5.2.1 条的规定设置牢固的立足点，并为高处作业人员配置防坠落的设施，对此次事故的发生负有责任，建议由公安机关侦查。

（3）工程施工方，未安排人员进行现场管理，未组织施工现场隐患排查，对此次事故的发生负有责任，建议由市安监局依据《中华人民共和国安全生产法》的相关规定，对施工单位处以罚款的行政处罚。对施工单位同意社会自然人借用其公司资质承揽工程并收取管理费的行为，建议由市建设行政主管部门处理。

附　　录

附录 1　物流工程项目施工阶段安全检查评分表

附表 1　物流工程项目施工阶段安全检查评分表

工程名称		施工单位	
项目总监		施工单位 安全负责人	

序号	检查内容	权重分	现场核查情况得分
1	“五牌一图”齐全，挂放位置适当，要有现场安全标识布置总平面图，有关制度操作规程应悬挂的已悬挂好	2	
2	进入施工现场的机械设备应机具完好、安全装置可靠、挂安全操作规程标牌，操作人员上岗证齐全	2	
3	应配备的主要安全防护用具(安全帽、安全带/绳、安全网、安全兜网、护目镜、防毒面具等)要求已到位，并有消防方案和消防设施器材	2	
4	工程项目安全管理组织机构健全，主要管理人员(项目经理、执行经理、技术总工、安全员)按照法规要求持证上岗	2	

附表 1(续)

序号	检查内容	权重分	现场核查情况得分
5	安全责任制:由项目经理或项目管理团队,对每个项目总承包单位、监理单位履行工程建设项目中的安全生产职责及工作目标值落实情况,实施督察并有相关记录	2	
6	涉及安全方面的施工组织设计及专项施工方案: ① 危险性较大的分部分项工程应按规定编制专项施工方案,专项施工方案应有针对性; ② 督促项目管理单位落实(高大模板支撑系统、深基坑、塔吊、临边防护、高边坡)施工技术措施并巡视检查施工现场,同时形成可查询的拍照或视频录像等记录	10	
7	安全检查: ① 工程项目部应建立安全检查制度并有执行记录; ② 督促施工企业和监理单位完成重要施工节点(施工用电、高大模板支撑系统、深基坑、高边坡、屋面及墙面围护、设备安装、封闭空间作业)的安全大检查并有记录	5	
8	安全教育: ① 项目经理每季度要定期抽查相关方安全培训情况; ② 当施工人员入场时,工程项目部应监督施工方组织进行以国家安全法律法规、企业安全制度、施工现场安全管理规定及各工种安全技术操作规程为主要内容的三级安全教育培训和考核; ③ 监督建筑施工人员持证情况并建立从业人员安全教育培训档案	5	
9	应急救援: 监督项目管理单位依法制定安全事故应急救援预案,并建立、落实深基坑、外脚手架、模板、施工用电、塔吊、施工电梯等分项事故应急救援预案,并监督执行	8	

附表 1(续)

序号	检查内容	权重分	现场核查情况得分
10	相关方管理： ① 监督各级分包单位之间按法规规定，签订安全生产协议，明确安全责任，并有记录档案； ② 监督从事建筑施工的项目经理、专职安全员和特种作业人员，必须经行业主管部门培训考核合格，取得相应资格证书，方可上岗作业	5	
11	文明施工： ① 施工作业和材料存放区与办公、生活区应划分清晰，并应采取相应的隔离措施； ② 检查相应灭火器是否按要求进行了配置，是否存在使用高功率的电气设备等； ③ 明火作业应履行动火审批手续，配备动火监护人员，现场灭火器材应保证可靠有效	2	
12	基坑支护、土方作业： ① 施工负责人在分派生产任务时，应对相关管理人员、施工作业人员进行书面安全技术交底； ② 危险性较大的基坑工程应编制专项施工方案，应由施工单位技术、安全、质量等专业部门进行审核，施工单位技术负责人签字，超过一定规模的危险性较大的基坑工程由施工单位组织进行专家论证； ③ 基坑施工深度超过 2 m 的必须有符合防护要求的临边防护措施； ④ 基坑施工必须设置有效的排水措施； ⑤ 基坑边缘堆置建筑材料等，距槽边最小距离必须满足设计规定，禁止基坑边堆置弃土	7	
13	起重吊装作业： ① 作业前应按规定进行安全技术交底，并应有交底记录； ② 进行钢梁专项吊装应编制专项施工方案，并按规定进行审核、审批； ③ 起重机作业应设专职信号指挥和司索人员，一人不得同时兼顾信号指挥和司索作业	6	

附表 1(续)

序号	检查内容	权重分	现场核查情况得分
14	高处作业： ① 施工负责人在分派生产任务时，应对相关管理人员、施工作业人员进行书面安全技术交底； ② 高处作业应设置防护栏杆或其他可靠的安全设施，所使用的索具、吊具、材料等设备应经过技术鉴定或验证、验收合格； ② 进行屋面铺设作业必须设置安全绳，同时在屋面下方设置安全兜网，安全兜网设置后需做防坠落试验，保证安全有效	7	
15	“三宝”(安全帽、安全带、安全网)、“四口”(楼梯口、电梯井口、预留洞口、通道口)及临边防护： ① 进入施工现场人员必须正确佩戴符合国家规定的安全帽； ② 在建工程外侧应使用密目式安全网进行封闭； ③ 现场高处作业人员必须系挂安全带； ④ 作业面边沿应设置连续的临边防护栏杆； ⑤ 钢结构屋面板施工作业必须设置安全兜网； ⑥ 在建工程的预留洞口、楼梯口、电梯井口应有防护措施； ⑦ 通道口的防护棚宽度应大于通道口宽度，防护棚两侧应设置防护措施。建筑物高度超过 30 m 时，通道口防护顶棚应采用双层防护； ⑧ 移动式操作平台的面积不应超过 10 m^2，高度不应超过 5 m。移动式操作平台轮子与平台连接应牢固、可靠，立柱底端距地面高度不得大于 80 mm，平台四周应按规范要求设置防护栏杆，并设置登高扶梯，铺板应严密	15	

附表 1(续)

序号	检查内容	权重分	现场核查情况得分
16	施工用电： ① 临时用电规范包括三相五线、三级配电、电箱规范、外电防护； ② 外电架空线路正下方不得进行施工、建造临时设施或堆放材料物品，外电线路与在建工程及脚手架、起重机械、场内机动车道的安全距离应符合规范要求； ③ 接地与接零保护系统，施工现场起重机、物料提升机、施工升降作业平台、脚手架应按规范要求采取防雷措施； ④ 施工现场配电系统应采用三级配电、二级漏电保护系统，用电设备必须有各自专用的开关箱。分配箱与开关箱间的距离不应超过 30 m，开关箱与用电设备间的距离不应超过 3 m； ⑤ 线路及接头应保证机械强度和绝缘强度； ⑥ 电缆应采用架空或埋地敷设并应符合规范要求，严禁穿越交通道路沿地面明设或沿脚手架、树木等敷设	15	
17	防火防爆措施： ① 气瓶间安全距离不应小于 5 m，与明火的安全距离不应小于 10 m。气瓶应设置防震圈、防护帽，并应按规定存放； ② 工地消防器材配备符合要求； ③ 易爆品及油罐(桶)要单设并有专人管理； ④ 木工棚、油漆库中易燃品要分类堆放，严禁明火	5	
18	整改回复期限自本报告发出之日起一个月内提交；复查前次隐患整改完成率为 90%。达成要求不扣分，否则按每延期一个月或完成率每降低 5%扣 5 分	—	
总计		100	

附表 1(续)

项目管理团队意见	□ 优 □ 良 □ 合格 □ 不合格 签名: 年　月　日	监理公司意见	签名：　　　　（盖章） 年　月　日

注:① 检查表采用打分制的方式进行考核,总得分为 90 分以上(含)的为优;总得分为 80 分以上(含)的为良;总得分为 70 分以上(含)的为及格。

② 整改时间超过一个月的隐患必须编制可行的整改计划,可视为暂时整改完成;整改计划到期未整改完成或整改计划超过三个月,则判定为未整改完成。

附录 2　在建工程现场安全管控关键点管理规定

根据物流工程项目建设特点和公司安全验收标准,以下三大项内容作为现阶段施工安全管控关键点,必须组织各参建方对管控关键点进行安全检查,并将检查记录报备上级安全部门,经审核合格后方可进行后续施工。

1. 屋面施工安全措施

所有项目只有以下 4 项安全措施(附表 2)全部审核合格后才能进行屋面上人施工。

附表 2　屋面施工安全措施及需提供审核的资料表

序号	安全措施	提供审核的资料
1	铺设水平兜网，并做防坠试验	水平兜网现场照片和防坠试验视频
2	人手一套安全护具（安全帽、安全绳、手套等）	安全护具领用签名表和佩戴集体照片
3	张拉安全绳	每个仓库至少 2 处照片
4	安全交底记录	交底照片和交底签名

2. 室外消防管网强度试验、冲洗和严密性试验以及水池防水验收

所有项目室外消防管网必须在强度试验、冲洗和严密性试验合格后，由项目工程师将相关资料（附表 3）报总部审核，审核不合格立即整改，整改完成后再次送审，审核合格后才能隐蔽。

附表 3　室外管网安装和消防水池需提供审核的资料表

序号	验收项	提供审核的资料
1	室外管网安装	管道沟槽照片、管网冲洗视频、打压保压照片、相关测试记录
2	消防水池	防水材料施工视频、严密性试验照片和记录

3. 水泵房及消防设备调试测验记录

所有项目水泵房消防设备必须调试测验合格后才能办理该项进度款支付，见附表 4。

附表 4　水泵房、消防设备调试测验项及需提供审核的资料表

序号	测验项	提供审核的资料
1	水泵型号一致，且扬程等关键参数满足设计要求	外观和铭牌照片(照片须能清晰辨认水泵参数)
2	排污泵有备用泵且能自动启停	现场证明照片和检查测试记录
3	消防水泵房入户电缆原则上高于室外地面穿管进入，若通过电缆井入户，必须做好防水措施	电缆走线照片
4	消防水泵应确保从接到启泵信号到水泵正常运转自动启动时间不应大于 2 min，并有反馈信号显示	检查测试记录
5	消防水泵应能手动和自动启动	检查测试记录
6	报警阀组压力开关应能直接连锁启动消防喷淋泵；报警阀组压力开关和该防火分区内的探测器或手动报警器能启动消火栓泵	检查测试记录
7	消防水泵出水干管应有低压压力开关连锁启动消防泵	检查测试记录
8	开启(最不利点的)末端试水装置，水流指示器、警铃、压力开关、消防喷淋泵等动作信号能反馈到消防控制中心，且 5 min 内必须启动喷淋泵	检查测试记录
9	火灾探测器和手动报警器按钮模拟火灾响应和故障信号检验，必须实现要求的联动功能	检查测试记录
10	系统的设备及配件规格型号要有国家相关证书和检验报告，系统内任一控制器和火灾探测器应能发出报警信号的，实现要求的联动功能	检查测试记录和相关证书报告

注：所有报审记录必须由项目工程师和施工方现场负责人签名确认。

附录3　设备安装调试功能性验收阶段安全评估表

附表5　设备安装调试功能性验收阶段安全评估表

<table>
<tr><td colspan="2">工程名称</td><td></td><td>施工单位</td><td colspan="3"></td></tr>
<tr><td colspan="2">项目总监</td><td></td><td>施工单位
安全负责人</td><td colspan="3"></td></tr>
<tr><td colspan="2">考评类目</td><td>考评内容</td><td>考评办法</td><td>标准分值</td><td>扣减分值</td><td>实得分值</td></tr>
<tr><td rowspan="2">一、消防给水及自动喷水系统验收(60分)</td><td rowspan="2">消防水源</td><td>市政给水</td><td>市政给水管网连续供水时,可采用市政给水管网直接供水,并在引入管处设置倒流防止器,若不符合扣2分</td><td rowspan="2">5</td><td rowspan="2"></td><td rowspan="2"></td></tr>
<tr><td>消防水池</td><td>(1) 应设置就地水位显示装置,若不符合扣2分。
(2) 应在消防控制中心设置显示消防水池的水位装置,并有最高、最低报警水位,若不符合扣2分。
(3) 消防水池不应小于100 m^3,补水时间不宜大于48 h,超过2 000 m^3的不应大于96 h,若不符合扣2分;消防水池进水管径不应小于DN100,若不符合扣2分。
(4) 有效容积大于500 m^3,宜设两格独立使用的消防水池;大于1 000 m^3,应设置能独立使用的两座消防水池;若不符合扣2分。
(5) 消防水池应设通气管,并采取防止虫鼠进入消防水池的技术措施,若不符合扣2分</td></tr>
</table>

附表 5(续)

<table>
<tr><th colspan="2">考评类目</th><th>考评内容</th><th>考评办法</th><th>标准分值</th><th>扣减分值</th><th>实得分值</th></tr>
<tr><td rowspan="2">一、消防给水及自动喷水系统验收(60 分)</td><td rowspan="2">供水设施</td><td>消防水泵</td><td>(1) 消防水泵型号一致，不宜超过 3 台，并有 1 台备用；同时水泵的流量、压力应满足设计要求，每台消防水泵出水管上应设置 DN65 试水管；若不符合扣 2 分。
(2) 消防水泵房止回阀、泄压阀不符合设计图纸要求的，扣 3 分。
(3) 吸水管上应设置明杆闸阀或带自锁装置的蝶阀；当为暗杆闸阀应有开启刻度和标识；管径大于 DN300 时，宜设电动阀门；若不符合扣 2 分。
(4) 吸水管上宜设过滤器；消防水泵应有减震措施并接地；若不符合扣 2 分。
(5) 吸水管、出水管应设压力表，出水管的压力表应不低于设计压力的 2 倍且不应低于 1.6 MPa，且有缓冲装置、关断阀门，若不符合扣 2 分</td><td>5</td><td></td><td></td></tr>
<tr><td>高位消防水箱</td><td>(1) 设有不小于 18 m^3 的水箱，并保持最低有效水位时最不利点处的静水压不低于 0.10 MPa，若不符合扣 5 分。
(2) 在屋顶设置时，水箱的进水孔及进出水管的阀门应采取锁具或阀门保护措施；同时当设置在严寒、寒冷的非采暖房间时，应采取防冻措施，水温不低于 5 ℃(采用保温材料保温)；若不符合扣 5 分。
(3) 高位水箱进水管管径应满足消防水箱 8 h 充满水的要求，管径不应小于 DN32，进水管宜设浮球阀，若不符合扣 2 分</td><td>3</td><td></td><td></td></tr>
</table>

附表 5(续)

考评类目		考评内容	考评办法	标准分值	扣减分值	实得分值
一、消防给水及自动喷水系统验收(60分)	供水设施	消防水泵房	(1) 附属建造的消防水泵房应采用耐火极限 2.0 h 的隔墙和 1.5 h 的楼板与其他部位隔开,疏散门应直通安全出口;门采用至少乙级防火门;若不符合,属于重大缺陷,扣 5 分。 (2) 水泵房架空水管道不应跨越电气设备,当必须跨越时采取了保护电气设备措施,若不符合扣 2 分。 (3) 严寒地区冬季结冰时应采取措施保证水泵房内温度不应低于 5 ℃(加装空调或暖气设施),若不符合扣 2 分。 (4) 消防水泵及水泵控制柜应达到防护等级(IP55),若不符合扣 2 分。 (5) 应有防水淹技术措施(排污泵,有备用泵且能自动启停),若不符合扣 2 分。 (6) 水泵房应有通风设施,宜按 6 次/h 设计,若不符合扣 2 分。 (7) 消防水泵房入户电缆原则上高于室外地面穿管进入,若通过电缆井入户,必须做好防水措施,若不符合扣 5 分。 (8) 应设置起重设施,当采用单轨起重设施时保持起吊物底部与需要跨越物体的顶部有 0.5 m 以上的净距,若不符合扣 2 分	5		
		稳压泵	(1) 稳压泵的设计压力应满足系统自动启动和管网充满水的要求,若不符合扣 2 分。 (2) 吸水管应设明杆闸阀,出水管应设止回阀和明杆闸阀,并应设备用泵,若不符合扣 2 分。 (3) 稳压泵启停次数不大于 15 次/h,若不符合,属于重大缺陷的,扣 2 分	2		

附表 5(续)

<table>
<tr><th colspan="2">考评类目</th><th>考评内容</th><th>考评办法</th><th>标准分值</th><th>扣减分值</th><th>实得分值</th></tr>
<tr><td rowspan="3">一、消防给水及自动喷水系统验收(60 分)</td><td rowspan="3">消火栓系统(抽查 10%,且每个供水分区不少于 10 个,合格率 100%)</td><td>室外消火栓</td><td>(1) 地上式消火栓距路边不宜小于 0.5 m,并不应大于 2 m,距建筑外墙不宜小于 5 m,若不符合扣 2 分。
(2) 严寒地区采用地下式地下消火栓井的直径不宜小于 1.5 m,若不符合扣 2 分</td><td>3</td><td></td><td></td></tr>
<tr><td>室内消火栓</td><td>(1) 室内消火栓的安装高度距地面 1.1 m,并宜与设置消火栓的前面成 90°或向下,栓口不应安装在门轴侧,若不符合扣 2 分。
(2) 冬季结冰地区可在屋顶出口处或水箱间内等防冻位置设带有压力表的试验消火栓,若不符合扣 2 分。
(3) 布置间距不应大于 30 m,且冬季结冰地区的消火栓箱弯管部位有放水阀,若不符合扣 2 分。
(4) 栓口动压不应小于 0.35 MPa 且不应大于 0.5 MPa,当大于 0.7 MPa 时,必须设减压装置,消防水枪充实水柱达到 13 m,若不符合扣 2 分</td><td>5</td><td></td><td></td></tr>
<tr><td>消火栓箱</td><td>阀门的中心距箱侧面应为 140 mm,距箱后内表面应为 100 mm,垂直度允许偏差±3 mm,开启不应小于 120°,消火栓箱门上应用红色字体注明“消火栓”字样,若不符合每处扣 1 分</td><td>2</td><td></td><td></td></tr>
</table>

附表 5(续)

考评类目		考评内容	考评办法	标准分值	扣减分值	实得分值
一、消防给水及自动喷水系统验收(60分)	阀门与喷头	泄压阀	(1) 泄压阀应在设计工作压力时能及时泄压,若不符合,属于重缺陷,扣 5 分。 (2) 泄压阀处应设置带闸阀的旁通管道,若不符合扣 5 分。 (3) 泄压管径应不小于 DN65,且不应小于出水主管管径 2 个级别,若不符合扣 5 分	2		
		报警阀组	打开末端试水装置,当流量达到报警阀动作流量时,湿式报警阀压力开关应及时动作,带延迟器的报警阀应在 90 s 内压力开关动作,不带延迟器在 15 s 内动作,若不符合,验收不通过;同时水力警铃应动作,若不动作,属重大缺陷,扣 5 分	2		
		喷头	(1) 喷头的设置场所、规格、型号、公称动作温度、响应时间指数应符合设计要求,若不符合,验收不通过。 (2) 喷头的安装间距,喷头与楼板、墙、梁等障碍物的距离应符合设计要求,若不符合,属重大缺陷,扣 5 分	3		
	管道	穿管及管网	(1) 消防给水管穿地下室外墙、构筑物墙壁以及屋面等有防水要求处,应设防水套管,若不符合扣 1 分。 (2) 穿过墙体或楼板时应加设套管,套管长度不应小于墙体厚度,或应高出楼面或地面 50 mm,套管与管道的间隙应采用不燃材料堵塞,且接口不应位于套管内,若不符合扣 2 分。 (3) 管道的材质、管径、接头、连接方式及采取的防腐、防冻措施,应符合设计规范及设计要求,若不符合,验收不通过。	2		

附表 5(续)

考评类目		考评内容	考评办法	标准分值	扣减分值	实得分值
一、消防给水及自动喷水系统验收(60分)	管道	穿管及管网	(4) 由火灾报警系统和充气管道设置的压力开关开启预作用装置的预作用系统，其管道充水时间不宜大于 1 min，若不符合，属重大缺陷，扣 5 分			
		管道支架	(1) 架空管道每段管道设置不少于 1 个防晃支架，改变方向时应增设防晃支架，立管应在始端和终端设防晃支架或管卡规定，若不符合扣 2 分。 (2) 当大于 DN50 的管道应在中点设防晃支架；配水干管及配水管，配水支管长度超过 15 m 的，每 15 m 长度内至少设 1 个防晃支架(当管径小于 DN40 可不设)；若不符合扣 2 分。 (3) 管径大于 DN50 的管道拐弯、三通及四通位置处应设 1 个防晃支架，若不符合每处扣 2 分	3		
	消防排水	测试排水	(1) 水泵房试验排水应排入消防水池循环再利用，若不符合扣 1 分。 (2) 末端试水装置的排水立管管径不宜小于 DN75，且报警阀处的排水立管应为 DN100，若不符合扣 2 分。 (3) 末端试水装置和试水阀应有标识，距地面高度宜为 1.5 m，并应采取不被他用的措施，若不符合扣 2 分	3		
	控制与操作	消防水泵启停	(1) 消防水泵应确保从接到启泵信号到水泵正常运转自动启动时间不应大于 2 min，并有反馈信号显示，若不符合，属重大缺陷，扣 5 分。 (2) 消防水泵应能手动启停和自动启动，若不符合，属重大缺陷，扣 5 分。	10		

附表 5(续)

考评类目		考评内容	考评办法	标准分值	扣减分值	实得分值
一、消防给水及自动喷水系统验收(60 分)	控制与操作	消防水泵启停	(3) 报警阀组压力开关应能直接连锁启动消防喷淋泵，报警阀组压力开关和该防火分区内的探测器能启动消火栓泵，若不符合，验收不通过。 (4) 消防水泵出水干管应有低压压力开关连锁启动消防泵，若不符合扣 5 分(依据设计图纸)。 (5) 开启(最不利点的)末端试水装置，水流指示器、警铃、压力开关、消防喷淋泵等动作信号有反馈到消防控制中心，5 min 内必须启动喷淋泵，若不符合扣 5 分；若水泵不能按规范要求投入使用，验收不通过			
		试压与冲洗	(1) 管网安装完毕后，应对其进行强度试验、冲洗和严密性试验，并有记录及照片，若不符合扣 5 分。 (2) 强度试验和严密性试验宜用水进行，也宜采用空气或氮气进行严密性试验；管道水压强度试验应在系统管网的最低点，试验压力应符合规范要求；若不符合扣 2 分	5		
二、自动报警系统验收(30 分)	报警系统	火灾报警系统装置	(1) 探测器设置(类别、适用场所、安装高度、保护半径、面积和间距等)符合规范要求，若不符合扣 2 分。 (2) 吸气式感烟探测器采样总管不宜超过 200 m，单管不宜超过 100 m，当采样管采用毛细管布置，毛细管不宜超过 4 m，若不符合扣 2 分。 (3) 手动报警按钮布置间距从任何位置到最邻近按钮步行距离不应大于 30 m，高度在 1.3～1.5 m，若不符合扣 2 分。	10		

附表 5(续)

考评类目		考评内容	考评办法	标准分值	扣减分值	实得分值
二、自动报警系统验收(30分)	报警系统	火灾报警系统装置	(4) 应急广播能保证从一个防火分区的任何部位到最近扬声器直线距离不超 25 m;壁挂式应急广播和声光警报器都能正常工作且安装高度大于 2.2 m;若不符合扣 2 分。 (5) 消防水泵房、发电机房、变配电室、消防值班室等需要联动控制且经常有人值班的地点应设消防专用电话,若不符合扣 2 分;在手动报警按钮或消防栓按钮等处宜设电话插孔,距地面高度 1.3～1.5 m;若不符合扣 2 分			
	联动控制系统	消防联动控制系统	(1) 火灾探测器和手动报警按钮模拟火灾响应和故障信号检验,无法实现要求的联动功能,此大项验收不合格。 (2) 吸气式探测器通过采样孔试烟,应在 120 s 内发出报警信号;采样管故障时,应在 100 s 内发出故障信号;若不符合扣 2 分。 (3) 通过不同探测器组合或与手动报警按钮与逻辑关系联动启动预作用报警阀组、排烟系统、防火卷帘门系统、消防应急广播系统、疏散应急照明和疏散指示系统等,若一项不符合,扣 5 分。 (4) 使消防联动控制器发出火灾报警信号和联动控制信号,图形显示装置应在 3 s 内接收,准确显示信号的物理位置,并能有限显示火灾报警信号对应的界面;能自动和手动查询,并应有总数显示等功能;若不符合扣 2 分。 (5) 消火栓系统联动调试(同一防火分区与逻辑),出水时间和 45°喷水距离符合要求,若不符合扣 5 分	12		

附表 5(续)

考评类目		考评内容	考评办法	标准分值	扣减分值	实得分值
二、自动报警系统验收(30 分)	应急电源	消防应急电源	(1) 应急电源主电、备用电源应在 5 s 内完成转换,断开应急电源的主电源,能发出提示信号,若不符合扣 1 分。 (2) 接上等效满负载的模拟负载,应急工作时间大于设计应急工作时间的 1.5 倍,且不小于标称的应急工作时间,若不符合扣 2 分。 (3) 使应急电源充电回路与电池间、电池与电池间连线断线,应在 100 s 内发出声光故障信号,若不符合扣 2 分	3		
	资料	验收资料	系统的设备及配件规格型号无国家相关证书和检验报告的,系统内任一控制器和火灾探测器无法发出报警信号的,无法实现要求的联动功能的,此大项不得分	5		
三、消防供配电及应急照明系统(10 分)	供电	消防供电	(1) 供电电源满足一级负荷供电要求,若一个来自 35 kV 及以上变电站,同时设置一台自备发电机组,或来自两个区域的变电站或发电厂,若不符扣 2 分。 (2) 备用消防电源的供电时间和容量,应满足火灾延续时间(消防栓系统 3 h,喷淋 1 h)内各消防用电设备的要求,若不符合扣 5 分。 (3) 柴油发电机房与其他部位分隔采用 2.0 h 防火隔墙和 1.5 h 楼板分隔,且不应设置在人员密集场所的上一层、下一层或相邻,附属设施应在建筑内设置自动喷水灭火系统,若不符合扣 2 分。	6		

附表 5(续)

<table>
<tr><th colspan="2">考评类目</th><th>考评内容</th><th>考评办法</th><th>标准分值</th><th>扣减分值</th><th>实得分值</th></tr>
<tr><td rowspan="2">三、消防供配电及应急照明系统(10分)</td><td>供电</td><td>消防供电</td><td>(4) 柴油发电机房的储油间,应采用 3.0 h 的防火隔墙和 1.5 h 楼板分隔,并采用甲级防火门,同时燃料供给管道应设置自动和手动切断阀,油箱应设通向室外的通气管,通气管应设阻火器呼吸阀,若不符合扣 2 分。
(5) 高压电线电缆、消防系统、应急照明系统报警等电线电缆为耐火电线电缆,若不符合扣 2 分</td><td></td><td></td><td></td></tr>
<tr><td>应急照明</td><td>应急照明和疏散指示</td><td>(1) 火灾自动报警系统联动测试时,消防应急照明能应急点亮,响应时间不大于 5 s,若不符合扣 2 分。
(2) 消防控制室、消防水泵房、自备发电机房、配电室、排烟机房及发生火灾时仍需正常工作的消防设备房,应配备设备用照明,最低照度不应低于正常照明的照度,若不符合扣 2 分</td><td>4</td><td></td><td></td></tr>
<tr><td colspan="4">总计</td><td>100</td><td></td><td></td></tr>
<tr><td colspan="2">验收小组意见</td><td colspan="2">□验收通过
□验收不通过
签名:
(盖章)
年 月 日</td><td colspan="3">监理公司意见
签名:
(盖章)
年 月 日</td></tr>
</table>

注:① 属于重大缺陷的出现 2 条以上,判定系统验收不合格。

② 此表采用扣分的方式进行打分,标准分值为每项扣分的上限,应得分值=标准分值-扣减分值。

③ 总得分 70 分(含)以上验收通过,70 分以下验收不通过。

④ 所有隐患按照隐患整改报告需限期整改,待整改后复验。

建设工程施工安全管控丛书

工业工程施工安全管控指南

电子厂房工程篇

尹欣 / 主编

李欣　石军胜　杨帆　侯宪伟　桂怀亮 / 副主编

中国矿业大学出版社

· 徐州 ·

内容提要

本书是建设工程施工安全管控丛书之一，是根据工业工程项目施工特点编写而成的，书中对施工过程中常见风险进行了提炼总结，提出了相应的管控措施，并结合施工现场收集了相关图例。本书主要内容包括电子厂房工程和物流领域工程在施工过程中各环节的安全管控措施，是施工现场安全管理、技术管理、管理制度制定、应急处置措施制定、方案编制、现场作业人员作业交底的重要依据，对工业工程施工安全管控具有重要的指导作用。

图书在版编目(CIP)数据

工业工程施工安全管控指南/尹欣主编．—徐州：中国矿业大学出版社，2023.12

ISBN 978-7-5646-5997-4

Ⅰ．①工… Ⅱ．①尹… Ⅲ．①工业工程—工程施工—安全管理—指南 Ⅳ．①TB-62

中国国家版本馆 CIP 数据核字(2023)第 196288 号

书　　名　工业工程施工安全管控指南

主　　编　尹　欣

责任编辑　黄本斌

出版发行　中国矿业大学出版社有限责任公司

（江苏省徐州市解放南路　邮编 221008）

网　　址　http://www.cumtp.com　**E-mail**：cumtpvip@cumtp.com

营销热线　(0516)83885370　83884103

出版服务　(0516)83995789　83884920

印　　刷　苏州市古得堡数码印刷有限公司

开　　本　787 mm×1092 mm　1/16　**印张** 6.5　**字数** 154 千字

版次印次　2023 年 12 月第 1 版　2023 年 12 月第 1 次印刷

总 定 价　28.00 元(共两分册)

（图书出现印装质量问题，本社负责调换）

《工业工程施工安全管控指南》编委会

主　　任：樊金田

副 主 任：徐　立　尹　欣　李　欣

委　　员：徐小明　王　勇　石军胜　杨　帆　侯宪伟　桂怀亮

　　　　　王广奇　王海龙　刘民业　马　哲　宋赛中

电子厂房工程篇

主要起草人:李军、王成、东友友、孙志伟、曾德以、王广奇、徐小明、王勇、王焕香

主要审核人:范忠磊、贾志立、孙千伟、李国军、王世军、杨帆、郝杰、张杰、卢浪、张青

物流领域工程篇

主要起草人:杨军伟、刘新国、庄鹏翔、阳志宇、周玉寒、唐韦韦、杨波、田慧、石洋磊

主要审核人:殷永艺、王伟、马如建、张新华、宋文智、包佳、李勇、龚欣然、顾科路、刘洪龙、梁阔、赵崑鹏、张青

前 言

为贯彻“安全第一、预防为主、综合治理”的安全生产方针，有效建立并落实“安全风险分级管控和隐患排查治理双重预防机制”，中国二十冶集团有限公司对近年来发生的典型事故案例进行分析，结合建筑施工领域各业务板块的项目特点、施工工艺和施工风险，总结提炼了安全管控重点，形成了建设工程施工安全管控丛书。本丛书对规范建设工程施工现场风险管控，保障建设工程施工企业安全生产具有重要的指导意义。

《工业工程施工安全管控指南》是建设工程施工安全管控丛书之一，包括电子厂房工程篇和物流领域工程篇。本书根据工业工程项目施工特点，对施工过程中常见风险进行了辨识，提出了相应的管控措施，并收集了相关作业图例。本书可作为施工现场安全管理、技术管理、管理制度制定、应急处置措施制定、方案编制、现场作业人员作业交底的重要依据，对工业工程施工安全管控具有重要的指导作用。

本书由尹欣任主编，李欣、石军胜、杨帆、侯宪伟、桂怀亮任副主编，王广奇、王海龙、马哲任主审。编者在编写过程中，得到了有关技术专家和安全专家的大力支持与帮助，并参考了诸多专家学者的有关研究成果，在此一并向他们表示衷心的感谢。

鉴于工业工程安全生产涉及面广、影响因素多、技术要求高，加之国家、地方规范和标准更新较快，因此本书编制的内容如果出现与现行国家、地方规范和标准不一致的内容，以现行国家、地方规范和标准为准。

由于编者水平有限，书中难免存在疏漏之处，敬请广大读者批评指正。

编 者

2023 年 10 月

目　　录

电子厂房工程篇

物流领域工程篇

随着我国社会经济的发展、科学技术的进步，社会生产对建筑功能需求不断增加，促使建筑工程种类多样化，其中电子厂房如雨后春笋般迅速崛起。本篇从安全管理的角度出发，分析电子厂房类项目中施工工序（环节）存在的主要风险隐患，结合施工现场安全管理经验和教训汇总编制，旨在为电子厂房类项目施工现场安全管理提供参考。编制依据如下表所列。

序号	标准号	标准名称
1	GB/T 3787—2017	《手持式电动工具的管理、使用、检查和维修安全技术规程》
2	GB 4053.3—2009	《固定式钢梯及平台安全要求　第3部分：工业防护栏杆及钢平台》
3	GB 5144—2006	《塔式起重机安全规程》
4	GB 6095—2021	《坠落防护　安全带》
5	GB/T 6096—2020	《坠落防护　安全带系统性能测试方法》
6	GB 9448—1999	《焊接与切割安全》
7	GB 10055—2007	《施工升降机安全规程》
8	GB 39800.1—2020	《个体防护装备配备规范　第1部分：总则》
9	GB 50348—2018	《安全防范工程技术标准》
10	GB 50656—2011	《施工企业安全生产管理规范》
11	GB 50720—2011	《建设工程施工现场消防安全技术规范》
12	GB 50870—2013	《建筑施工安全技术统一规范》
13	GB 51210—2016	《建筑施工脚手架安全技术统一标准》
14	WS 706—2011	《焊接工艺防尘防毒技术规范》

续表

序号	标准号	标准名称
15	WS/T 770—2015	《建筑施工企业职业病危害防治技术规范》
16	JGJ 33—2012	《建筑机械使用安全技术规程》
17	JGJ 46—2005	《施工现场临时用电安全技术规范》
18	JGJ 80—2016	《建筑施工高处作业安全技术规范》
19	JGJ 59—2011	《建筑施工安全检查标准》
20	JGJ 184—2009	《建筑施工作业劳动防护用品配备及使用标准》
21	JGJ 196—2010	《建筑施工塔式起重机安装、使用、拆卸安全技术规程》
22	JB/T 11699—2013	《高处作业吊篮安装、拆卸、使用技术规程》

一、电子厂房工程概况

电子厂房类建筑属于工业建筑，按照结构形式分为钢结构、混凝土结构、型钢混凝土结构，按厂房层数分为单层、多层。电子厂房与其他工业建筑类项目相比，具有单层面积大、跨度大、层高高、用钢量大、容积率较高、工期短等特点。电子厂房项目施工内容广泛，包括基坑工程、桩基工程、钢筋工程、混凝土工程、钢结构工程、钢-混凝土组合结构工程、砌体工程、屋面工程、建筑给排水与供暖工程、通风与空调工程、建筑电气安装工程等；还包含大量配套建筑，如废水处理厂、洁净厂房、氨氮处理站、动力用厂房、储藏用厂房等。各施工项目都可能存在大量的安全隐患，例如，在土建施工中，深基坑、高大模板支撑系统的施工和设备预留洞的防护；在钢结构施工中，大型吊装机械吊装作业，工人在高空进行组装和焊接作业；洁净室内高空升降车使用，狭小空间内焊接、切割、防腐、装修作业等。在建设过程中众多的施工内容和作业面交叉必然给安全生产带来一定的难度。施工的安全管理就需要结合以上特点，提出有针对性的安全管控措施，保证施工过程中的风险可控。

（一）主要分部分项工程及施工工艺流程

电子厂房主要分部分项工程及施工工艺流程如下图所示。

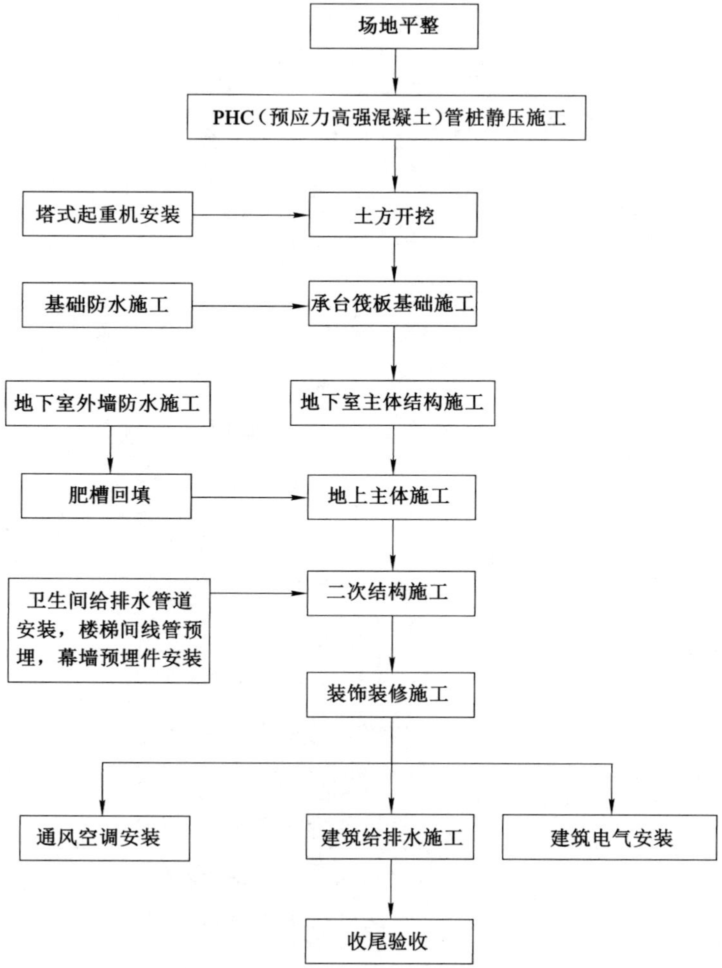

（二）需编制的方案清单

结合电子厂房工程项目的施工经验，该类项目涉及安全管理应编制的方案如下表所列。

序号	方案名称
1	施工组织总设计方案
2	深基坑开挖、支护、降水工程专项施工方案
3	基坑监测方案
4	桩基工程专项施工方案
5	临时用电专项施工方案/组织设计
6	塔式起重机安拆专项施工方案
7	群塔作业专项施工方案
8	施工升降机安拆专项施工方案
9	防水工程专项施工方案
10	砌筑工程专项施工方案
11	高大模板支撑系统专项施工方案
12	钢筋工程专项施工方案
13	混凝土工程专项施工方案
14	外脚手架专项施工方案
15	钢结构安装专项施工方案
16	装饰装修专项施工方案
17	吊篮安装专项施工方案
18	幕墙安装专项施工方案

二、常见风险及管控措施

（一）基坑工程施工

序号	风险点	风险分析	管控措施	相关图例
1	专项施工方案编制、审批与论证	（1）专项施工方案未编制。 （2）专项施工方案未按要求进行审核	（1）检查专项施工方案的编制情况。 （2）检查专项施工方案的编制内容是否符合建办质〔2021〕48号文件要求。 （3）如为超过一定规模的危险性较大的分部分项工程，应检查施工方案论证流程是否符合要求	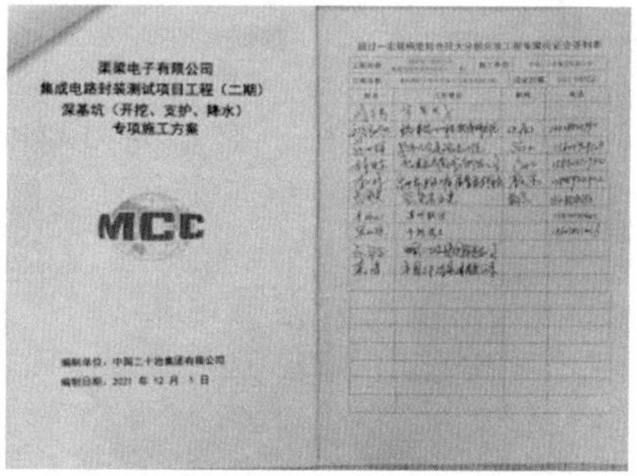 专项施工方案
2	作业人员教育、交底及持证上岗	（1）作业人员未做三级安全教育、未进行安全技术交底。 （2）土方机械驾驶员无操作证	（1）专项施工方案实施前，编制人员或者项目技术负责人应当向施工现场管理人员进行方案交底。 （2）施工现场管理人员应当向作业人员进行安全技术交底，并由双方和项目专职安全生产管理人员共同签字确认。 （3）土方机械驾驶员所持证件应与驾驶机械一致	 专项施工方案交底

续表

序号	风险点	风险分析	管控措施	相关图例
3	作业条件验收及施工准备	(1) 未对施工工器具及施工区域进行检查。 (2) 未设置警示区域。 (3) 未实行作业许可制度	(1) 施工工器具、施工机械设备、材料等需要报审并经批准，满足现场安全技术要求。施工作业前仔细检查现场安全工器具、施工机械设备，确认合格后方可使用。 (2) 开挖作业前，必须规范设置警戒区域，悬挂警告牌，设专人监护，禁止非作业人员进入。 (3) 实行作业许可制度，作业前办理作业许可证	 施工机具使用前检查
4	作业过程中的指挥、监控	作业过程中无专人指挥、监控	(1) 作业过程中，作业负责人、监理人员按照作业流程，逐项确认风险控制专项措施落实，并签字确认。 (2) 作业过程中，设专人指挥和监护，同时填写监控记录	 作业过程中监督指挥

续表

序号	风险点	风险分析	管控措施	相关图例
5	基坑安全管理措施	（1）弃土堆放不规范。 （2）未做降水、排水措施。 （3）基坑监测工作不到位。 （4）机械车辆在开挖的基础边缘行驶、停放	（1）一般土质条件下弃土堆底至基坑顶边距离不小于 1.2 m，弃土堆高不大于 1.5 m。垂直坑壁边坡条件下弃土堆底至基坑顶边距离不小于 3 m。在粉砂、淤泥和软土场地的基坑边上，禁止堆土。 （2）基坑顶部按规范要求设置截水沟，基坑底部应做好井点降水或集中排水措施。 （3）土方开挖过程中，当观测到基坑边缘有裂缝和渗水等异常情况时，应立即停止作业并报告施工负责人，待处置完成并合格后，再开始作业。 （4）各种机械、车辆严禁在开挖的基础边缘 2 m 内行驶、停放	 基坑监测
6	天气因素	恶劣天气影响	开挖过程中，如遇大雨及以上雨情时，在做好防止深坑坠落和塌方措施后，迅速撤离作业现场	 恶劣天气施工进行旁站监督

（二）模板工程及支撑体系施工

序号	风险点	风险分析	管控措施	相关图例
1	专项施工方案编制、审批与论证	（1）专项施工方案编制单位无专业资质。 （2）专项施工方案未按要求进行审批。 （3）非标吊篮安全专项施工方案未组织专家论证	（1）专项施工方案编制单位应具备相应资质。 （2）检查专项施工方案的编制内容是否符合建办质〔2021〕48号文件要求。 （3）检查非标吊篮专项施工方案论证流程是否符合要求	 编制专项施工方案
2	钢管、扣件、模板等材料进场验收	（1）钢管、扣件、模板等材料不符合要求。 （2）材料进场未组织验收	（1）钢管、扣件、模板等材料进场应由相关人员组织验收。 （2）钢管、扣件应由第三方检测机构出具检验报告；钢管表面应光滑、无裂缝、无结疤、无分层等，严禁打孔洞；钢管壁厚应符合相关规定及方案要求；钢管变形要求弯曲不得大于3‰；扣件不得有裂纹、变形，螺丝不得滑丝	 材料进场验收

续表

序号	风险点	风险分析	管控措施	相关图例
3	安全教育、方案交底与安全技术交底	(1) 作业前未对作业人员进行三级安全教育。 (2) 施工前没有进行方案交底和安全技术交底	(1) 入场前对作业人员进行三级安全教育,并经考试合格后方可上岗作业。 (2) 专项施工方案实施前,编制人员或者项目技术负责人应当向施工现场管理人员进行方案交底;施工现场管理人员应当向作业人员进行安全技术交底,并由双方和项目专职安全生产管理人员共同签字确认	 专项施工方案交底
4	作业人员持证上岗情况及作业防护措施	(1) 脚手架搭设、拆除作业人员未持证上岗。 (2) 作业人员未正确采取劳动防护措施	(1) 检查特殊工种作业人员证件,禁止无证上岗。 (2) 在施工过程中要严格按照盘扣式脚手架施工规范施工。严禁超载使用,施工人员要按规定系好安全带,做好安全防护措施,禁止在施工平台上追逐。在大风、雷雨等天气下禁止施工	 脚手架搭设安全带规范使用

续表

序号	风险点	风险分析	管控措施	相关图例
5	支撑体系架体搭设	扫地杆离地高度过大	盘扣式脚手架扫地杆离地高度不应大于 550 mm	 盘扣式脚手架扫地杆规范搭设
		(1) 支撑立杆垂直度不符合规范和方案要求。 (2) 立杆底部悬空	(1) 立杆间距、步距严格按照专项施工方案搭设。 (2) 盘扣式脚手架立杆的垂直偏差不应大于支撑架总高度的 1/500，且不得大于 50 mm。 (3) 立杆底部不得悬空	 立杆标准搭设
		(1) 水平杆未连通设置，架体有断层现象。 (2) 纵横水平杆未连续贯通，且水平杆与相交立杆间未用扣件连接加固	(1) 水平杆搭设应严格按照方案实施，架体无断层现象。 (2) 单肢立杆荷载设计值不大于 40 kN 时，底层水平杆按标准步距设置；单肢立杆荷载设计值大于 40 kN 时，底层水平杆比标准步距缩小一个盘扣间距。 (3) 高大模板支架最顶层的水平杆步距比标准步距缩小一个盘扣间距。 (4) 纵横水平杆应连续贯通，且水平杆与相交立杆间用扣件连接加固	 模板支架规范搭设

续表

序号	风险点	风险分析	管控措施	相关图例
6	剪刀撑设置	剪刀撑设置不满足需求	(1) 模板支架外立面应从底到顶设置竖向剪刀撑,并与立杆形成 45°～60°夹角。 (2) 剪刀撑底部应延伸至支撑基础面,顶部应延伸至支架最顶层水平杆。 (3) 中间部位纵横向每隔 5～8 m 设置由下至上的竖向连续式剪刀撑。 (4) 垂直剪刀撑宽度应不大于 6 m,有连墙件部位可不设垂直剪刀撑。 (5) 竖向剪刀撑斜杆搭接长度应不小于 1 m,扣件数量不少于 2 个,剪刀撑端部扣件盖板边缘至杆端距离应大于 100 mm。 (6) 剪刀撑应与相交的横向水平杆或立杆固定,旋转扣件中心线至主节点距离不大于 150 mm	 水平剪刀撑

续表

序号	风险点	风险分析	管控措施	相关图例
7	作业过程中安全管理	(1) 脚手架搭设、拆除过程中存在违章作业。 (2) 作业过程无专人监控。 (3) 拆除后钢管扣件随意抛掷、堆放混乱	(1) 拆卸盘扣式脚手架要统一规划,按照与搭建相反的顺序拆卸。 (2) 在拆除前应加设斜撑或连墙件,拆除作业周围设置警戒线并设安全监护员,作业面下 5 m 范围内不得站人,拆下的钢管、脚手板等构件应上下传递至地面,严禁随意抛下。 (3) 存放盘扣式脚手架要按不同部件分开存放,要求码放整齐,并且要放在干燥、通风良好的场地,另外存放地点要选择无腐蚀性物体的地方	 脚手架搭设旁站监督

（三）钢结构工程施工

序号	风险点	风险分析	管控措施	相关图例
1	专项施工方案编制、审批与论证	（1）专项施工方案未编制。 （2）专项施工方案未按要求进行审核	（1）检查专项施工方案的编制情况。 （2）检查专项施工方案的编制内容是否符合建办质〔2021〕48号文件要求。 （3）如为超过一定规模的危险性较大的分部分项工程，应检查施工方案论证流程是否符合要求	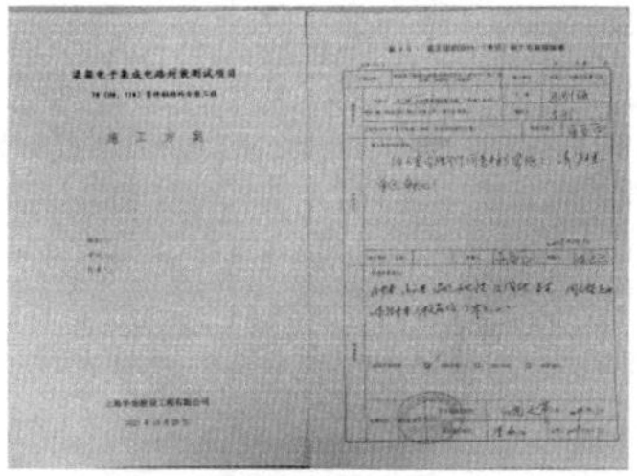 钢结构安装专项施工方案
2	吊装设备进场验收	吊装设备、材料进场未组织验收	相关人员组织进场验收，具体同“机械设备管理”中“塔式起重机验收工作”的相关要求	 吊装设备进场验收

续表

序号	风险点	风险分析	管控措施	相关图例
3	吊装管理	(1) 吊装现场未采取安全措施。 (2) 吊装时无专人指挥、监控	(1) 使用标准化栅栏或设置双道警戒线进行警戒。 (2) 加强吊装前安全技术交底，并形成交底记录。 (3) 信号工的旗、哨或对讲机要随身携带，各工种要有与本人操作相符的操作证。 (4) 起重工在起吊构件前，必须明确构件重量是否在吊车允许负载之内，是否和吊索具匹配，严禁超负载作业。 (5) 司索工、信号工在起吊构件前要和吊车司机统一指挥信号，避免发生错误操作。 (6) 吊装时项目部管理人员进行旁站监督	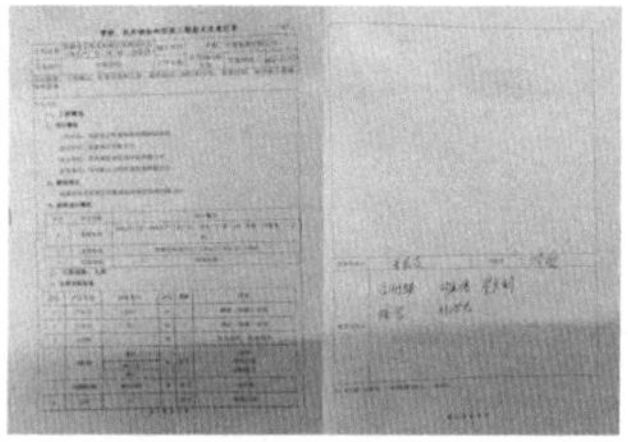 交底记录
4	安装管理	(1) 安装管理混乱。 (2) 作业人员安全意识淡薄，违章作业。 (3) 焊接作业不规范	(1) 项目部组织危险源告知交底、人员安全教育培训，对作业人员进行安全技术交底。 (2) 专职安全管理人员现场巡查及旁站。 (3) 在钢梁上绑扎钢丝绳并通长设置。 (4) 在作业下方铺设水平安全网并绑扎牢固。 (5) 吊装范围设置警戒线并悬挂警示标识牌。 (6) 焊接作业前根据雨棚的结构形式设置安全绳，明确设置位置、固定方式及使用方法并向作业人员进行交底。 (7) 遇雷电、雨、6 级以上大风天气时，禁止安装焊接作业。 (8) 电焊机安全管理见“机械设备管理”中“电焊机的安全管理”	 专职安全管理人员旁站

续表

序号	风险点	风险分析	管控措施	相关图例
5	登高作业	(1) 登高作业未采取安全防护措施。 (2) 作业人员安全意识不足。 (3) 作业区域无专人指挥	(1) 劲性柱吊装前挂好钢爬梯,严禁攀爬栓钉进行高处作业。 (2) 提前安装防坠器。 (3) 正确使用安全带。 (4) 加强作业人员交底及教育。 (5) 加强现场巡查、旁站监督	 登高作业
6	高空焊接不规范	(1) 动焊作业未设置看火人。 (2) 焊工安全意识淡薄	(1) 动火作业必须严格按照作业许可制度执行。 (2) 动火作业区域灭火器等消防器材必须配备齐全,且无易燃易爆物。 (3) 加强动火作业人员交底及教育。 (4) 加强安全巡查力度,应有专人监控,遇见紧急情况,立即启动应急响应。 (5) 严禁作业区域单人开展动火作业	 登高作业安全带正确使用

续表

序号	风险点	风险分析	管控措施	相关图例
7	钢结构切割作业不规范	(1) 钢结构切割作业时丙烷气瓶未设置防回火阀，气割设施进场前未进行验收。 (2) 现场巡查不到位，对施工作业所存在的安全隐患未及时发现并整改	(1) 丙烷气瓶应在接气口设置防回火阀。 (2) 对进场气割设施进行入场前验收。 (3) 加强日常巡检，规范气瓶使用和钢结构切割作业	 气瓶验收
8	气瓶放置不规范	(1) 不同气瓶混放。 (2) 气瓶瓶口处无保护帽，无防震圈，无防倾倒措施。 (3) 未进行分区放置，未配备足量灭火器	(1) 设置气瓶专用库房，不同气瓶进行分开放置。 (2) 气瓶设置防震圈和保护帽，并采取防倾倒措施。 (3) 配备足量灭火器并设置责任人。 (4) 编制施工现场危化品专项存储方案。 (5) 现场气瓶定量使用，禁止超量存储。 (6) 加强现场监督巡查	 气瓶规范设置

（四）幕墙工程施工

序号	风险点	风险分析	管控措施	相关图例
1	专项施工方案编制、审批与论证	（1）未编制专项施工方案。 （2）方案未按规定进行审批	（1）检查专项施工方案的编制情况，需要编制塔式起重机安拆专项方案。 （2）检查专项施工方案的编制内容是否符合建办质〔2021〕48号文件要求。 （3）如为超过一定规模的危险性较大的分部分项工程，应检查施工方案论证流程是否符合要求	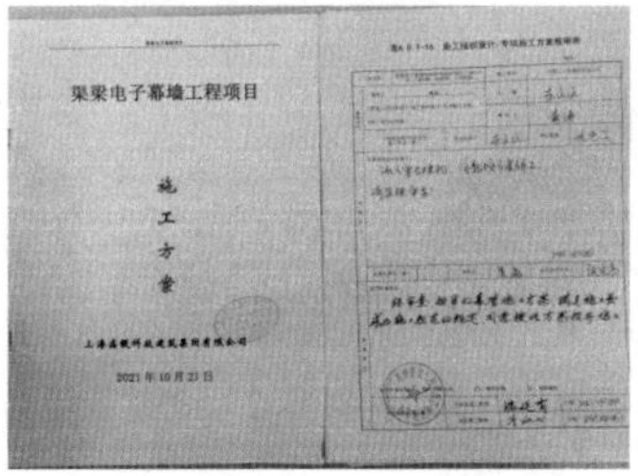 幕墙工程专项施工方案
2	（1）吊篮进场验收工作。 （2）吊篮的定期检查工作	（1）吊篮安装后未进行验收。 （2）安全监督检查不到位。 （3）吊篮安全锁检定有效期过期后未及时重新检定	（1）吊篮进场后要逐一审核吊篮合格证、安全锁检定标识。 （2）吊篮安装完成后进行验收，经专业公司检测合格并挂牌后方可使用。吊篮安全绳的强度和配件必须符合规范要求。 （3）设置吊篮超高装置，限位器前方必须安装限位挡板，使用前进行负重检查。 （4）安全检查时应对吊篮使用情况进行巡查。 （5）吊篮安全锁、限位器应灵敏可靠。 （6）安全锁检定标识缺失的吊篮应停止使用，安全锁检定标识必须在12个月的有效期内。 （7）使用前检查焊点是否饱满，搭接长度是否符合方案要求。 （8）配重块须用钢丝绳锁死	 吊篮安装验收完成

续表

序号	风险点	风险分析	管控措施	相关图例
3	吊篮安装管理	(1) 吊篮安装人员无证上岗。 (2) 吊篮安装未交底清楚。 (3) 安装过程中未开展监督检查	(1) 吊篮安装人员应持证上岗。 (2) 吊篮安装前对安装人员进行安全技术交底。 (3) 安装过程旁站监督到位。 (4) 施工区域必须采取封闭围挡,设警示标识牌,严禁无关人员进入施工区域	 吊篮安装过程旁站
4	吊篮使用管理	(1) 日常安全教育不到位。 (2) 安全技术交底针对性不强	(1) 有针对性地开展吊篮使用安全技术交底。 (2) 日常教育及班前安全活动中普及吊篮安全带正确挂设方式。 (3) 加强安全检查,对违章情况及时责令停止作业。 (4) 安全带必须挂设在独立于吊篮之外的安全绳上。 (5) 吊篮内作业人员数量严禁超过 2 人。 (6) 转角部位相邻吊篮的安全绳应单独设置,并在底部挂好防止混用	 吊篮作业安全带规范使用

续表

序号	风险点	风险分析	管控措施	相关图例
5	幕墙安装过程管理	(1) 安装过程中人员违章作业。 (2) 安装过程安全管理缺失。 (3) 安装区域未做安全警示措施	(1) 作业前进行安全技术交底,明确个人劳动防护用品的使用要求。 (2) 钢构件的调运必须使用吊绳由专人进行操作就位。 (3) 施工范围设置警戒区域并悬挂警示牌,人员严禁在警戒区域内穿行和逗留。 (4) 采用国标的专用吸盘,其合格证、检测报告应确保有效,并配合防坠吊绳作业。 (5) 吊运范围设置警戒线并悬挂警示标识牌,有专人旁站监督	 幕墙安装作业

(五) 机械设备管理

序号	风险点	风险分析	管控措施	相关图例
1	塔式起重机专项施工方案的编制	(1) 未编制安拆专项施工方案。 (2) 未编制群塔施工方案	塔式起重机必须制定安拆专项施工方案,塔式起重机数量较多时需要编制群塔施工方案,并严格按照方案实施	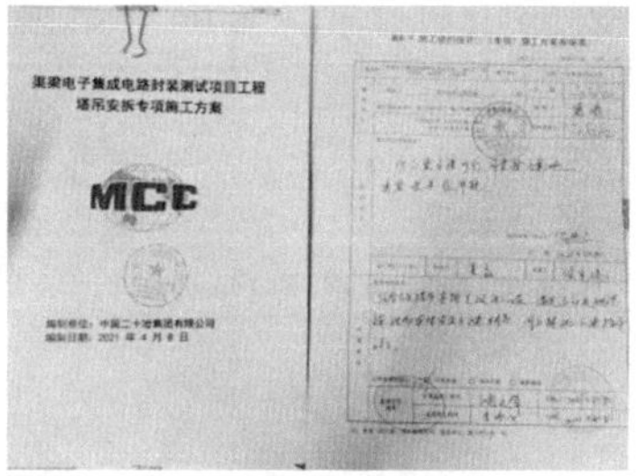 塔式起重机安拆专项施工方案

续表

序号	风险点	风险分析	管控措施	相关图例
2	塔式起重机租赁、安装、拆除单位及作业人员资质	(1) 塔式起重机租赁、安装、拆除单位资质不满足要求。 (2) 作业人员未持证上岗	(1) 塔式起重机的租赁、安装、拆除、顶升必须由具备资质的单位和持证的操作人员进行，且安装、拆除必须是同一单位施工，并留存施工机械安装、使用、检测、自检记录。 (2) 禁止使用五年以上的塔式起重机设备。 (3) 塔式起重机司机、司索工应持证上岗	 建筑施工特种作业操作资格证书 编号: 姓 名: 性 别: 操作类别: 证件照 初次领证日期: 有 效 期: 至 发证机关: 发证日期: 特种作业人员资格证书
3	塔式起重机验收工作	(1) 塔式起重机进场验收记录缺失。 (2) 塔式起重机安装完成后验收记录缺失	(1) 塔式起重机进场前，相关人员应对塔式起重机组织进场验收，验收合格后方可入场安装。 (2) 塔式起重机安装完成后，项目部应联合监理单位对塔式起重机组织验收，验收合格后方可投入使用	 塔式起重机联合验收

续表

序号	风险点	风险分析	管控措施	相关图例
4	作业人员安全教育、技术交底	(1) 作业人员安全教育记录缺失。 (2) 作业人员安全技术交底缺失	(1) 塔式起重机相关作业人员进场前，项目部组织三级安全教育，经考核合格后方可上岗作业。 (2) 对安拆人员、司机、司索工组织有针对性的安全技术交底，并留存交底记录。 (3) 对塔式起重机司机、司索工定期组织安全专项教育，并留存教育记录	 塔式起重机班组安全专项教育
5	作业人员违章作业	作业过程中出现违章作业	(1) 安拆作业人员应正确佩戴劳动防护用品，在安装、拆卸过程中应有专人进行监控，并做好警戒措施。 (2) 塔式起重机司机应严守工作岗位，不得擅自离岗，交接班时认真做好交接班记录，必须当面交接班。 (3) 信号指挥要求使用对讲机，放慢操作速度，明确指令后进行操作。 (4) 当遇到 6 级以上大风时，必须停止吊装作业	 塔式起重机安拆过程专人旁站

续表

序号	风险点	风险分析	管控措施	相关图例
6	塔式起重机维保、检查	(1) 维保单位维保、检查未达到频次要求。 (2) 项目部未定期组织专项检查	(1) 维保单位每月对塔式起重机进行维保检查两次，发现问题，及时整改，并留好维保检查记录。 (2) 项目部应定期对塔式起重机组织专项检查，重点对塔式起重机的安全装置(四限位、两保险等)进行检查，要求齐全、灵敏、可靠，必须做可靠接地	 塔式起重机专项检查
7	木工机械的安全管理	(1) 圆盘锯无防护罩。 (2) 木工作业人员未正确佩戴劳动防护用品。 (3) 木工加工区域未配备灭火器	(1) 严禁戴手套操作木工机械，严禁混用木工机械、使用多功能木工机械；圆盘锯的锯盘及传动部位应安装防护罩、分料器；严禁使用圆盘锯加工厚度大于锯盘半径的木料；平面刨安全防护装置应齐全有效。 (2) 木工作业人员应正确佩戴劳动防护用品。 (3) 木工加工区域应配备灭火器材	 圆盘锯防护罩

续表

序号	风险点	风险分析	管控措施	相关图例
8	砂轮切割机的安全管理	(1) 未设置防护罩。 (2) 作业人员未佩戴劳动防护用品。 (3) 操作区域未配备灭火器	(1) 设单项开关,设置防护角度大于或等于 180°的防护罩和牢固工件托架,不能当打磨工具使用。 (2) 操作人员应正确佩戴劳动防护用品。 (3) 操作区域应配备灭火器材	 砂轮切割机操作防护要求
9	卷扬机的安全管理	(1) 卷扬机安装时无防护棚。 (2) 卷扬机胶带和传动齿轮无防护罩。	(1) 安装时,基座必须平稳牢固,设置可靠的地锚并应搭设工作棚,操作人员的位置应能看清指挥人员和拖动或起吊的物件。 (2) 作业前检查卷扬机与地面固定情况,防护设施、电气线路、制动装置和钢丝绳等全部合格后方可使用。 (3) 使用胶带和开式齿轮传动部分,均须设防护罩,导向滑轮不得用开口接板式滑轮。 (4) 以动力正、反转的卷扬机,卷筒旋转方向应与操纵开关上指示方向一致。 (5) 从卷筒中心线到第一个导向滑轮的距离,带槽卷筒应大于卷筒宽度的 15 倍,无槽卷筒应大于卷筒宽度的 20 倍。当钢丝绳在卷筒中间位置时,滑轮的位置应与卷筒轴心垂直。	 胶带部位防护罩

续表

序号	风险点	风险分析	管控措施	相关图例
9	卷扬机的安全管理	(3) 卷筒上钢丝绳排列不整齐	(6) 卷扬机制动操纵杆的行程范围内不得有障碍物。 (7) 卷筒上的钢丝绳应排列整齐,如发现重叠或斜绕时,应停机重新排列。严禁在转动时用手或脚去拉、踩钢丝绳。 (8) 作业时,任何人不得跨越正在作业的卷扬机钢丝绳;物件提升后,操作人员不得离开卷扬机;休息时,物件或吊笼应降至地面。 (9) 作业中,如遇停电,应切断电源,将提升物件放回地面	 卷扬机钢丝绳排列整齐
10	电焊机的安全管理	(1) 作业人员对操作规程认知不足。 (2) 焊接设备接线不规范,电焊机外壳接地不良或未接地。 (3) 作业人员未佩戴劳动防护用品	(1) 电焊作业属于特种作业,作业人员必须经专业安全技术培训,考试合格,持特种作业操作资格证方可上岗独立操作。 (2) 电焊机入场前应对机械进行入场登记及验收,电焊机在使用过程中发生故障,焊工应立即切断电源,通知电工检查修理。焊工不得随意拆修焊接设备。电焊机的装设、检查和修理工作,必须在切断电源后进行。 (3) 作业人员使用前需戴上绝缘手套	 焊接作业

续表

序号	风险点	风险分析	管控措施	相关图例
11	其他小型机械的安全管理	其他小型机械的操作不规范	其他小型机械应按相应规定操作，防护装置应安全有效，保证“一闸、一机、一箱”；安全操作规程上墙；专业人员持证上岗；机械设备经验收合格后方可使用；不得使用无柄的焊、割工具	 机械专用电箱

（六）夜间施工

序号	风险点	风险分析	管控措施	相关图例
1	夜间施工管理及作业人员健康状况	(1) 无管理人员值班。 (2) 作业人员身体状况较差	(1) 项目经理专门负责夜间施工，项目各职能部门夜间必须有人值班。 (2) 挑选身体健康的年轻人进行夜间施工，不准安排年老、体弱、带病、疲劳及一切不适合夜间作业的工人进行施工，且严禁酒后上岗	 夜间施工安全教育

续表

序号	风险点	风险分析	管控措施	相关图例
2	作业人员未进行日、夜班分班组织	(1) 作业人员未分日、夜班。 (2) 作业人员夜间施工休息不足。 (3) 夜间施工未配备专人负责简单外伤事故	(1) 施工作业人员进行日、夜班分班，并适当缩短夜间作业班组的作业时间，安排夜间作业人员有适当的休息时间，并提供夜餐，减轻夜间作业人员的劳动强度。 (2) 现场卫生室安排夜间值班医生，负责简单外伤等事故。 (3) 发生意外情况，应立即进行应急响应	 夜间施工旁站监督
3	夜间施工照明	(1) 夜间施工未采取照明措施。 (2) 照明不规范。 (3) 主要通道未增设照明设施。 (4) 塔式起重机吊钩未贴反光膜	(1) 夜间施工照明采用镝灯，固定在塔式起重机塔身或专门的独立灯架上。 (2) 局部夜间施工照明采用临时的碘钨灯，随用随设，且夜间施工班组配备照明手电，以确保夜间施工照明和施工安全。 (3) 在道路及主要通道增设照明设施，确保人员通行安全。 (4) 在塔式起重机的吊钩上贴反光膜，在起重臂上沿臂端到臂尖安装一排低压警示灯以示位置	 夜间照明

续表

序号	风险点	风险分析	管控措施	相关图例
4	其他	夜间施工注意事项	(1) 加强夜间施工安全教育，提高夜间施工安全意识。 (2) 钢结构施工阶段，夜间施工尽量以构件卸车、倒运及吊装小型构件为主，在条件允许的情况下进行高强螺栓、栓钉焊接等施工。 (3) 严禁夜间进行脚手架作业。 (4) 建立夜间上岗工人检查制度，饮酒后及处于病态的人员严格禁止上岗	 夜间上岗工人检查

（七）交叉作业

序号	风险点	风险分析	管控措施	相关图例
1	水平面作业管理	(1) 未排布施工平面布置图。 (2) 施工现场布局不合理	(1) 排布项目施工平面布置图。 (2) 根据总平面布置图，结合项目实际，合理布置施工现场	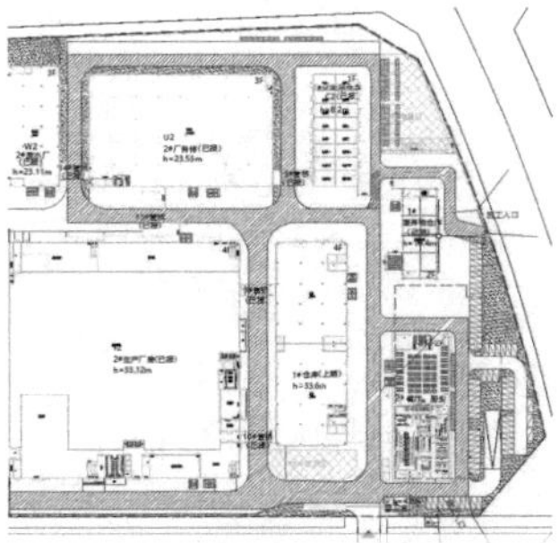 项目总平面布置示意图

续表

序号	风险点	风险分析	管控措施	相关图例
2	垂直面作业管理	垂直交叉作业未采取防护措施	(1) 尽可能避免垂直交叉作业，若必须交叉作业时，不得在同一垂直方向上操作，且下层作业位置必须处于其上层作业可能的坠落范围之外；若不能满足时，应设置硬隔离防护层(搭设防护棚)。 (2) 人员进出口均应搭设安全防护棚。 (3) 模板、脚手架等拆除时，下方不得有其他人员操作，并设专人监护。 (4) 模板拆除后，其临时堆放处应距楼层边缘不小于 1 m；堆放高度不大于 1 m；楼层边、通道口、脚手架边缘等处，严禁堆放任何拆下的物品	 标准化安全通道
3	群塔作业时，在水平作业面交叉作业	低位塔式起重机起重臂与高位塔式起重机塔身发生碰撞	两台塔机之间的最小架设距离应保证处于低位的塔机的起重臂端部与另一台塔机的塔身之间至少有 2 m 的距离	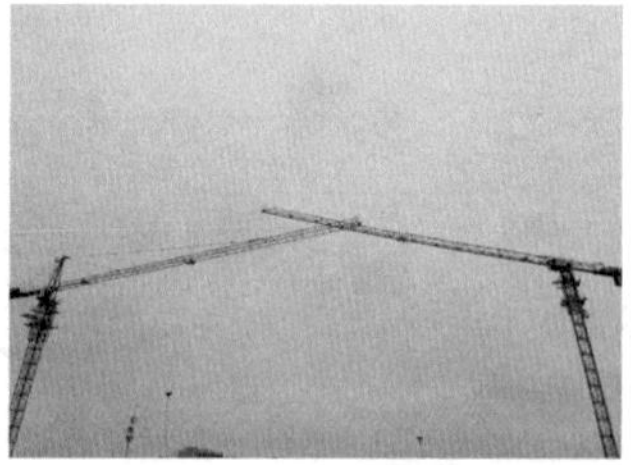 群塔作业

续表

序号	风险点	风险分析	管控措施	相关图例
4	塔式起重机垂直作业面交叉作业	低位塔式起重机的起重臂与高位塔式起重机的起升钢丝绳发生碰撞	（1）严格按照方案布置，并按照操作规程进行作业。 （2）必须对每一台塔式起重机的工作区进行合理划分，避免出现塔式起重机交叉工作区。同时，必须配备有合格操作证、经验丰富的信号指挥工，确保指挥塔式起重机回转作业时，低位塔式起重机的起重臂不碰撞高位塔式起重机的起升钢丝绳	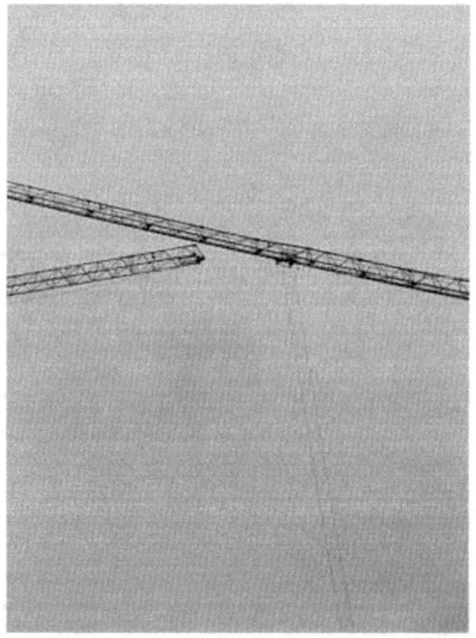 低位塔式起重机的起重臂不碰撞高位塔式起重机的起升钢丝绳

三、事故案例分析

1. 事故概况

2021年8月30日16时22分，泰州某新建厂房发生墙体倒塌事故，造成2人死亡，直接经济损失约255万元人民币。

2. 事故背景及经过

吴某与施工单位主要负责人任某约定，由吴某个人以施工单位名义承揽该新建厂房工程，并全面负责施工现场管理。任某安排项目经理朱某、技术负责人杨某、安全员邵某为项目备案管理人员，但未安排上述人员正常在现场履职。吴某将围护墙体的砌筑和粉刷劳务分包给成某个人。

2021 年 8 月 30 日，吴某组织施工班组进行墙体粉刷作业。14 时左右，现场因雨停工。15 时 30 分雨停，工人继续粉刷墙体。16 时左右，继续降雨，瓦工朱某、顾某、王某在厂房南侧围护墙体靠东侧的雨篷下避雨。16 时 22 分，厂房南侧围护墙体突然向南倒塌。顾某和王某被倒塌的墙体掩埋，朱某躲避时被脚手架钢管砸中胳膊。

事故发生后，现场工人立即拨打“110”“119”“120”电话并组织施救。消防救援人员赶到现场后立即组织救援。17 时 35 分，顾某被救出，19 时 55 分，王某被救出。顾某于 17 时 43 分经当场确认死亡，王某于 20 时经当场确认死亡。

3. 事故原因分析

（1）直接原因

事发时天气异常，同时施工班组在厂房南侧围护墙体施工时，未按设计图纸要求施工，7 m 高度处圈梁缺失，墙体与混凝土排架柱之间的连接构造有缺陷，造成围护墙整体稳定性和抗倾覆力矩不足，天气异常和工程质量缺陷两种因素叠加导致事故发生。

（2）间接原因

① 施工单位同意吴某个人以本单位名义承揽工程，施工现场安全管理混乱，项目经理朱某、技术负责人杨某、安全员邵某等备案项目管理人员未能正常在现场履职，施工现场管理由不具备建设工程执业资格的吴某负责。

② 吴某，以施工单位名义承揽工程，不具备建筑工程管理资格，并将工程施工劳务违法分包给成某个人；为节约施工成本，同意施工人员不按设计图纸设置墙体与混凝土排架柱之间拉结筋、不按设计图纸设置圈梁；对施工现场的安全、质量管理缺失。